药草茶图鉴

日本株式会社主妇之友社　编
许丹丹　译

北 京 出 版 集 团
北京美术摄影出版社

为了能更加安心、便捷地品味药草茶……

清晨，来一杯药草茶，唤醒身体和大脑。
饭后，想要放松身心，换个心情，恢复精神时，想要拂去一天的疲惫，放松休息时，不妨来杯药草茶试试。

药草茶不能代替药物。

药草茶借助自然界中生长的植物本身的力量，是世界人民所熟知的饮品。

当陷入疲惫、失落等各种不如意情绪时，很多人会选择药草茶来缓解情绪。

本书为了让每一位读者能够更加安心、便捷地品味药草茶，选用了全彩色的照片，更加简单易懂。

通过阅读本书，读者能够更进一步了解被人们所熟知的药草茶的世界，更好地享受生活中每一刻品茶的时光。

目录 CONTENTS

1 药草茶的基础知识

2 初识25种具有代表性的药草茶

3 深入了解其他85种精选药草茶

正式开始品尝药草茶之前需要了解的几点

- 药草茶是食品而非药物，因此不能代替药物功效。
- 孕妇、疾病治疗中、正在服药，以及对自己的身体状况不太了解而有所顾忌的读者，请在品尝药草茶前听取医生的意见。
- 本书撰写、翻译等相关人员以及出版社对饮用药草茶而产生的不良反应及后果等不承担责任。
- 药草茶的适合与否因人而异。请以对自己负责的态度，根据自己的身体状况和口味选择适合的药草茶。

1

药草茶的基础知识

若您刚好也想让日常饮茶更加健康，想要为饮茶时间增加些情趣，
那么推荐您试试药草茶。
药草茶作为一种纯天然食品，香气、颜色、味道种类繁多，
不仅能够安神、让人放松，
还拥有消除身体各种不适感的神奇功效。
跟随本章的介绍，了解药草茶的基础知识，加深对其了解，
留下更多快乐体验吧！

『药草』为何物？『药草茶』又是什么？

药草（Herb）的语源是拉丁语中表示『绿色的草』『草木』之意的『Herba』。

在化学合成药品出现之前，世界各地都是用大自然中生长的植物药草来治疗疾病的。

中国的中药、印度的阿育吠陀医学都是利用药草治病的例子。日本传统民间药草中的鱼腥草、柿子叶、紫苏、鸭儿芹等可以称作和式药草。

众所周知，药草有多种特性，其叶、花、果实、种子、茎、根、树皮等有多种调制方法，如可以生食、干燥后食用、熬制、制作成精油等。同时可以通过冲饮、涂抹、敷布、吸入、药浴等方式来发挥其药用功效。

药草能够驱散寒邪、清热、安神、保持皮肤干净、缓解疼痛、排毒。药效广泛的药草在不断实践的基础上，已经形成体系，在世界范围内广泛使用。

在日常生活中，最简单的体验药草功效的方法是喝药草茶。为了更好地品味药草茶，需要注

意以下两点。

首先，需要确认该种药草是否能够做成药草茶饮用。例如，鼠尾草的同类植物就有好几种，它们的叶子形状和特性各不相同。如果挑选错了药草，自然也就无法达到预期的效果了。

其次，千万注意不要弄错效用部位。同一种植物，有些部位可以做药草茶，调理身体，有些部位却可能有毒，因此在挑选药草时要格外注意不要弄错效用部位。刚接触药草茶时，最好去那些值得信赖的专卖店里购买。不论是干燥的还是新鲜的药草，每次的购买量都不宜太多。每天饮茶的量也不宜过多，从1~2杯开始慢慢尝试，同时也要密切关注自己身体的反应。相信通过了解本书的药草茶知识，加上同一些药草茶专家以及专卖店店员的交流，您对药草茶的认识会更加深入，也会对其更有亲近感。

用药草治病的传统是欧美人生活智慧的结晶

药草的药用价值自古以来就被美索不达米亚、埃及等地的人们熟知。古希腊的药草专著《药物志》自问世以来的1500年间一直被人们当作至宝，多种多样的药草被种植在教会的药草园等地。

在被称作意大利文艺复兴之都的佛罗伦萨的街角，有着自13世纪开业至今仍在营业的药草店。据说当时意大利的传教士们会在院子里种药草，然后将药草的精华提取出来卖给当地人，药草局也就应运而生。

在安徒生的童话中也有母亲给浑身湿透的儿子泡接骨木花茶（Elder Flower）喝的情节。由此也可以看出当时接骨木花茶的祛寒功效已经被人们所熟知。在美洲大陆以及原住民聚居的新墨西哥等地也能见到人们将田野里生长的药草割下晾晒的景象。美国原住民用紫锥菊治病的传统也广为人知。

随后，用药草治病的传统传到世界各地，被各地人们所熟知、继承。现如今被用作健康辅助食品的原料、治病药物的药草仍不在少数。

不久前，人们开始接触药草茶多为了『兴趣』『自我放松』，从其预防的功效来看，可以说人们饮用药草茶主要是出于一种自我保健的想法。近年，学习药草茶知识并将其运用到自身工作中去的医生、护士等专职工作人员也在增加。人们对药草茶的认识利用也从自我保健扩展到自我救助（自行治疗）方面。

充分调动五官，正确地品味植物的神奇力量，并将其活用到美容和调节身心健康中去，会有不错的效果。用药草治病的传统是欧美人生活智慧的结晶，同时也是从古代流传至今的全人类智慧的结晶。

了解正确的知识，在舒畅的心情中品味药草茶的味道和香气

除了天然食品商店以及药草专卖店，百货商店和超市里也陈列着很多种类的药草茶和新鲜药草。

本书中介绍的大部分药草茶，其功效自古以来就被欧洲、美洲地区的人们所熟悉，并被做成茶饮用来发挥其功效。精选出的这些药草茶希望您能了解，并对您找到味道、香气等适合的药草茶有所帮助。

虽说这些药草茶的药用功效自古以来为人们所熟知，但是药草茶并非药品，而是将植物的某种力量缓慢地作用于人体的一种食品。因此在饮用药草茶时，我们不能期待它有立竿见影的功

效，而应该在舒畅的心情中去静静品味其味道和香气。

有些药草茶如果饮用错误的话会产生消极作用。在药草界，自古就有『大量食用会产生消极作用，食用极少量能产生积极作用』的说法。因此有些有毒的植物也可能被当作药草。希望您能通过本书了解更多关于药草、药草茶的知识。寻找适合自己的药草茶，是为了更好地放松心情。如果您对此有任何的疑虑，请您务必事先征询医生的意见。尤其是在怀孕、生病治疗中、身体不舒服时，更要听取主治医生的意见。

此外，还要根据经验尝试控制好每次饮用的量，避免过度摄取。同时还要关注包装上的生产日期、保质期、用量、冲泡时间、注意事项等。

在阅读本书时您可能会遇到一些意思比较模糊的词，
好像知道，但又不是很确定。
这里特别将本书中出现的
药草、药草茶界的常用语整理为下表。
希望能够为您选择合适的药草茶提供帮助。

● 常用语一览表

常 用 语	意 思
瘀血	血液停止流动
类雌激素作用	与一种雌激素作用类似
缓下作用	促进肠道蠕动，促进排便
缓和作用	缓解紧张，调节自主神经
强心作用	强化心脏功能
强壮作用	提高身体机能
祛痰作用	排除支气管内的痰
清热作用	发烧时降低体温
健胃作用	缓解胃部不适，使其恢复正常功能
抗过敏作用	缓解过敏症状
抗病毒作用	抑制病毒活性

常用语	意思
抗抑郁作用	清除抑郁的精神状态，使人开朗
抗炎症作用	抑制炎症反应
抗菌作用	防止细菌的繁殖
抗氧化作用	防止活性氧等导致的细胞、基因氧化
弛缓作用	缓解肌肉、神经紧张
收敛作用	使皮肤紧缩，减少皮肤腺液分泌
整肠作用	调节肠道功能
止吐作用	消除恶心、呕吐症状
促进代谢作用	增强新陈代谢功能
止咳作用	缓解咳嗽症状
镇痉作用	缓解肌肉紧张、痉挛
镇静作用	使身心从亢奋状态恢复正常，保持正常状态
通经作用	疏通月经
发汗作用	促进出汗
调节激素作用	调节激素平衡
激活免疫作用	提高免疫力，增强抵抗力
利尿作用	促进尿液形成、排出

一起来泡杯茶试试吧

干药草茶的基本冲泡方法

提到药草茶的冲泡，可能会有人将其想象得比较难，其实只要掌握了要点就能得心应手。即使您至今都是按照自己的习惯来冲泡的，不妨也按照下面介绍的基本冲泡方法来试试。这样，同一种药草，不仅能提升口感，还能更大限度地发挥其功效。

要点有两个：一是水沸腾后稍凉一下，等其再次沉静下来后再冲泡；二是一定要盖盖子闷泡。

以下介绍干药草茶（选用干燥后的药草）的基本冲泡方法。

干药草茶

1 将茶叶放到茶壶中加水冲泡

将茶叶放到茶壶的茶滤中，慢慢地向茶壶中加热水。

※ 如果没有茶滤，也可直接把茶叶放到茶壶中。

2 立即盖上盖子闷泡3分钟左右

加足热水后，立即盖上茶壶的盖子闷泡。用花、叶子等部位做成的茶叶闷泡3分钟左右；用果实、种子等较硬的部位做成的茶叶需要闷泡5分钟左右。

3 摇匀后倒入茶杯中

轻轻晃动茶壶，茶水浓度均匀后，倒入茶杯中。最初还不太习惯时可以少倒一些，尝试一下看味道和香味是否能接受。

※ 若茶壶不带茶滤，向茶杯中倒茶时需要使用单独的茶滤过滤一下茶叶。

准备器具

最好选用带茶滤的药草茶专用茶壶，如果没有专用茶壶的话，普通茶壶也行。茶滤最好选用网眼较细的，能够过滤细碎的茶叶。茶杯按照自身喜好准备即可。

※ 图片中的茶杯是耐热玻璃杯。

1人份的干药草量
茶匙1匙

1人份（1杯）的用量是茶匙1匙。
图中选用的是德国洋甘菊茶。

●药草茶叶的形状、状态等因其种类、厂家的不同而各不相同。饮用前请确认其包装上的相关信息。
●每个人的口味是受季节、时间以及当天的心情、身体状态等因素影响的。每次冲泡时，请您根据自己当时的状况来调整茶叶的用量、闷泡时间（溶出时间）。

新鲜药草茶的美味冲泡方法

如果能够入手新鲜的药草，那就试试冲泡新鲜的药草茶吧，品味其独有的清爽香味和新鲜味道。下面介绍一下新鲜药草茶的美味冲泡方法。

如果您在自己家的院子里或阳台种植药草，请选用比较嫩、比较软的花或叶子。为了保证新鲜度，摘下后请立即冲泡。无农药栽培的药草是最理想的。实在找不到无农药栽培的药草或对其表面的污垢比较介意时，可以用流水冲洗后再使用。

※ 请注意不要弄错药草的种类和效用部位。

新鲜药草茶

1 将新鲜药草放到茶壶中

将新鲜药草弄碎后放入茶壶中。

※ 药草弄碎后，能够更快地溶出其中精华。

2 加入热水后立即盖上盖子闷泡

加足热水后，立即盖上茶壶的盖子闷泡。花、叶子等部位需闷泡3~5分钟；果实、种子等部位需闷泡5~7分钟。

3 摇匀后倒入茶杯中

轻轻晃动茶壶，茶水浓度均匀后，倒入茶杯中。最初还不太习惯时可以少倒一些，尝试一下看味道和香味是否能接受。

※ 若茶壶不带茶滤，向茶杯中倒茶时需要使用单独的茶滤过一下茶叶。

准备器具

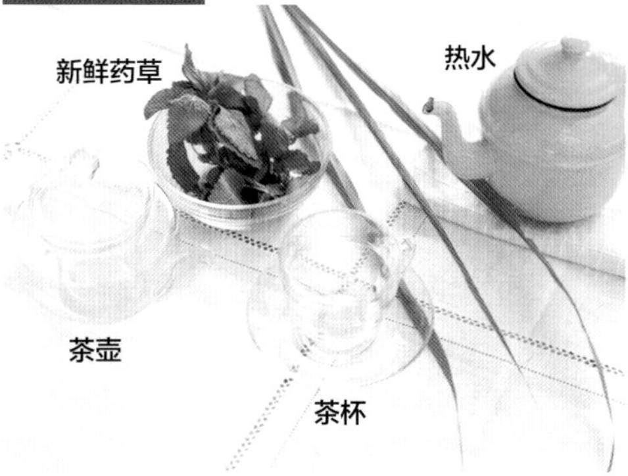

茶壶、茶滤、茶杯等和19页相同。最好选用无农药栽培、新鲜度高的药草。

1人份的新鲜药草量

茶匙冒尖1匙

实物大小

1人份（1杯）的用量是茶匙冒尖1匙。图中选用的是柠檬马鞭草和荷兰薄荷。

●薄荷系的新鲜药草比较适合刚接触药草茶的人。1人份需要 10~15 片薄荷叶。柠檬马鞭草也比较推荐。

●选用柠檬草等比较容易伤手的药草时，请使用剪刀剪碎，不要用手去撕。

冰镇药草茶的冲泡方法

冰镇药草茶

炎热的季节，来一杯清凉的冰镇药草茶，很是舒爽。

冰镇药草茶的制作方法也很简单。把药草茶泡得比做热饮时更浓一些，然后将其倒入装满冰块的茶杯或耐热玻璃杯中即可。既可以使用干燥药草也可以使用新鲜药草。

急速冷却的冰镇药草茶配上舒展的药草茶叶，不仅看上去很漂亮，清凉感也卓然超群。不论是用来招待客人还是自己享用，都是不错之选。

1人份的冰镇药草茶用量
咖喱匙冒尖1匙

冰镇药草茶比热饮的药草茶要浓2~3倍，因此茶叶的用量也相对较多。做1杯冰镇药草茶，如果是新鲜的药草需要咖喱匙冒尖1匙；如果是干燥药草需要茶匙1匙多一点。

实物大小

准备器具

需要准备的器具与干燥药草茶（19页）和新鲜药草茶（21页）相同。用耐热玻璃杯来代替普通茶杯，更给人一种清凉的感觉。此外还需准备足量的冰块。既可以选用新鲜药草，也可以选用干燥药草。图中选用的是新鲜药草（柠檬草、柠檬马鞭草、荷兰薄荷）。

1 将新鲜药草或干燥药草放到茶壶中

关键是要比做热饮时冲泡得更浓一些，因此需要在茶壶中多放些茶叶（具体用量参照22页）。

2 加入热水后立即盖上盖子闷泡

热水的量比热饮时要少（约为热饮时的1/2）。加入热水后立即盖上盖子闷泡。花、叶子等部位须闷泡3~5分钟。

如果出现茶叶上浮，请用勺子等器具轻轻按压，使茶叶完全浸入热水里。

3 将茶水倒入装满冰块的玻璃杯

将玻璃杯中装满冰块，准备工作就做好了。之后轻轻晃动茶壶，茶水浓度均匀后，倒入装满冰块的玻璃杯中，一杯冰镇药草茶就完成了。

※ 若茶壶不带茶滤，向茶杯中倒茶时需要使用单独的茶滤过一下茶叶。

●茶叶的用量、闷泡时间都是一个大致的时间。请根据茶叶的质量、状态以及当天的心情、身体状态等情况来适当调整。
●与一次性冲泡大量备饮相比，喝多少泡多少，随喝随泡，能够让您更好地品味药草茶的味道和香气。

选用耐热玻璃制的器具冲泡药草茶的理由

药草茶器具

如果您去药草茶专卖店逛逛，或是去拜访药草茶专家，就会发现冲泡药草茶的茶壶、茶杯等器具多选用的是耐热玻璃制品。

单纯为了能够更好地溶出药草茶中的有效成分的话，非透明的器具也是可以的。然而药草茶根据种类不同，选用药草的效用部位也各不相同，有的是叶子、花，有的则是根、茎等部位。耐热玻璃制品之所以是最合适的，是因为它能够实现每次冲泡时用五官全方位地去感受不同药草茶叶的舒展程度、茶水的颜色、茶的香气等特质。

市面上有很多120元人民币左右的耐热玻璃茶壶以及60元人民币左右的茶杯和茶托。一次性将全部器具都换成耐热玻璃制品确实有些小贵。小茶壶和陶瓷器具也是可以用来冲泡药草茶的。因此，最初，用身边可以接触到的器具来冲泡药草茶即可。随着饮用时间的增加，可以考虑使用耐热玻璃器具，特别是遇到自己喜欢的器具时。玻璃器具能够让您更好地欣赏冲泡时茶叶的变化以及茶水颜色的变化。

此外，选用茶滤、茶勺时，也要尽量避开铝、黄铜、铜等金属制品。不锈钢制品也可以，因为茶叶、茶水很容易和除不锈钢以外的其他金属制品发生反应，影响药草茶的味道。

欢乐的下午茶时间结束后，请将使用过的器具清洁干净，并使其充分干燥。发现器具中有茶锈时，则需要更加认真地清洗，保持器具干净。茶叶需要密封后冷藏保存。同时还要注意茶叶的保质期，尽快饮用。

推荐使用带茶滤耐热玻璃壶来冲泡药草茶

在药草茶专卖店或一些经营红茶器具的店里可以找到冲泡用的耐热玻璃壶、耐热玻璃杯等。图中所示带茶滤的玻璃壶使用起来非常方便。

※ 有很多耐热玻璃杯的品牌，例如“hario”“iwaki”“serekku”等。同时还有 1 人份、2 人份、3 人份等不同大小，您可以根据自己的需求和喜好选择合适的器具。

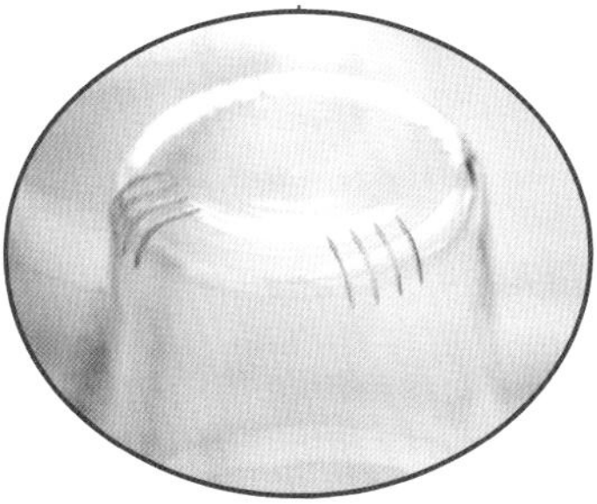

带茶滤的耐热玻璃壶。茶滤的底部网眼很细小。冲泡时，能够清晰地欣赏茶叶在壶中的伸展变化，并能将茶叶的有效成分充分溶出。使用后茶叶的清理也非常轻松。

如果担心细小的茶叶会进入杯中，可以在将茶叶倒入杯中时，使用网眼更加细小的茶滤来过一下茶叶。准备一个图中这样的不锈钢茶滤会更加便捷。

药草茶
专栏
1

冲泡时『盖盖子闷泡』为什么如此重要？

有很多人认为在冲泡药草茶时，盖盖子是为了『保温』。当然，为了不让温度降低，有必要盖盖子。然而，除此之外，盖盖子还有另一个更重要的作用，那就是收集『水蒸气』。

加入热水后，盖上盖子，等几分钟。慢慢地会看到在壶盖的内侧有水珠集结。

这些水珠是药草茶中溶出的液体成分变成水蒸气，接触到壶盖后再次液化集结而形成的，类似于『蒸馏水』。同时，这些水珠也是茶叶的香气和有效成分的凝结。如果在冲泡的时候不盖盖

子，那么这些非常珍贵的水蒸气就会跑掉，造成茶叶香气和有效成分的流失。所以冲泡药草茶时，请养成『盖盖子闷泡』的习惯。

水蒸气液化后集结在壶盖内侧的水滴是药草茶香气及有效成分的凝结！

茶托也可以用作盖子。用茶托将水蒸气留在杯中。

将凝结在茶托内侧的水滴倒回茶杯中。

在茶杯中冲泡茶包时也要注意不要让水蒸气跑掉。此时，可以将配套的茶托当作杯盖来用。能够将茶杯盖严就可以了。

左图中这种带盖子的马克杯也能够将水蒸气精华留在杯中，适合用来冲泡1杯量的药草茶。此类杯子国内外都有很多，在超市、杂货店等都很容易买到。

2

初识25种具有代表性的药草茶

本章介绍25种具有代表性的药草茶。
希望通过本章内容的介绍
能帮助您了解一些关于药草茶的趣闻以及其功效特点，
找到味道和香气适合自己的药草茶。

ELDER FLOWER

接骨木花茶

一种有多种功效、自古就有“万灵药”美称的药草茶

接骨木花是忍冬科植物『西洋接骨木』的花，自古以来因其具有多种药用功效，被广泛应用在民间疗法中，被视为内服外用皆可的万灵药。接骨木的使用历史能够追溯到古埃及文明时代。同时接骨木花还被认为能够防止病魔与恶灵缠身，有驱病邪、消灾的功效。

接骨木的植株较矮。5—6月时，枝头上盛开的接骨木花为泛着奶白色的白色小花。花香清爽香甜，和麝香葡萄十分相似。

接骨木从茎、果实到根，全都有药用功效。其中，使用富含亚油酸、类黄酮的接骨木花做成的药草茶，饮用方便，功效较好。

接骨木花最为人们所熟知的功效是减轻感冒、流感症状。甜香的接骨木花茶能够缓解喉咙肿痛，帮助发汗，此外还能缓解眼睛充血、过敏及花粉症等症状。浓浓的接骨木花茶可以用作漱口药，发挥其功效。

接骨木花茶比较容易入口，可单独饮用，和甘菊、薄荷类、柠檬类药草茶混合后饮用，味道更是别有一番风味。还可以根据自身的喜好和其他药草茶混合饮用。仅仅是在红茶中加入一些接骨木花，茶的风味就变得大不相同了。在欧洲，接骨木花茶中加糖制作成的甜饮品（糖浆）是一种儿童感冒预防药。

接骨木花外用时有抗炎症功效。将浸有接骨木花的溶出成分的毛巾敷在患处，能够治疗冻伤和皮肤炎。作为化妆水的有效成分使用时，能够改善面部粉刺、

功效特点

缓解感冒、流感、花粉症等症状。发汗、利尿、保湿。缓下剂。

其他用途

浴用。添加在果酱、点心、化妆水中。

MEMO 接骨木花的种子有毒，不可生食。

痤疮。接骨木花的种子有毒，不可生食。

接骨木花的甜饮品种类较多，很受欢迎。加苏打水饮用或添加到红茶中皆可。

接骨木

学名：Sambucus nigra
忍冬科·落叶灌木
效用部位：花
栽培：潮湿地扦插繁殖

ORANGE PEEL

陈皮茶

一种有着浓郁果香味、适合搭配泡饮的药草茶

陈皮是干燥的橘子皮。陈皮茶中使用的陈皮与用于糕点时不同，并没有用砂糖腌渍。橘子分为苦橘和甜橘，这两种橘皮干燥后也都可以泡饮。其中苦橘皮的药用功效更好。

陈皮茶既有香甜的果香味，同时还略带苦味。它有较好的镇静安神功效，失眠时饮用有助于改善睡眠质量。

橘子甜香圆润的口感使其能够与其他药草茶更容易融合，因此陈皮茶适合搭配其他药草茶泡饮。和野草莓混合后饮用口感更佳。

此外，陈皮茶还有促进消化、调节胃肠的功效，适合在肚子不舒服、腹泻时饮用。还能缓解因压力过大引起的肚子不舒服、过敏性肠炎。

柑橘类的药用功效自古以来为人们所熟知。中国是将此类药草的功效应用最广泛的国家。在中国，干燥的橘子皮被称为橘皮，干燥后保存时间较长的被称作陈皮，被应用在中药中。其主要功效是能够促进消化，缓解胃胀、感冒引起的喉咙痛、打喷嚏等症状。保存时间越久，陈皮的功效越显著。陈皮茶的功效也基本与之相同。

陈皮在西方的药用历史也很悠久。据记载，16世纪时，从橘花中提取制作的香精油问世，深受意大利乃萝莉（Neroli）公国的王妃安娜·玛利亚·德拉切莫依（Anne Marie de La Tremoille）的喜爱。当时这种香精油是非常珍贵的，普通人很难

功效特点

镇静。促进消化。利尿、调节肠道。止咳。

其他用途

浴用。制作止咳糖浆。

MEMO 陈皮是一种能使人心情愉悦，有祛寒功效的药草。

接触到。现如今，用水蒸气蒸馏法从苦橘花瓣中提炼的香精油被称作橙花（Neroli）精油，是高档精油的一种。它有很好的镇静作用，对缓解腹泻等症状也有很好的效果。

将表面无农药、没有打蜡的橘皮切成小块，就可以自制陈皮茶了。

酸橙

学名：Citrus aurantium

芸香科·常绿乔木

效用部位：皮

栽培：适合在排水性良好的湿润土壤中生长

GERMAN CHAMOMILE

德国洋甘菊茶

一种有着类似苹果香气的代表性药草茶

洋甘菊这一名称源自有着『大地苹果』之意的希腊语。正如其语源所示，带有清新的苹果香味是其一大特点。株高约60厘米。洋甘菊是一年生草本植物，4月前后开始开花。随着花朵的盛放，从其中心的黄色部分处散发出独特的香气。

有人说洋甘菊原产地是印度，也有人说是欧洲。在欧洲，洋甘菊茶也着实受人们喜爱，因为它不仅有药草茶的风味，还有广泛的药用功效。

数百年前欧洲人就开始用洋甘菊来治疗失眠、神经痛、风湿等疾病。其对妇科病的治疗效果也很显著，现如今也经常被用来治疗生理痛。

洋甘菊茶有促进消化和镇静作用，适合在饮食过量、紧张不安、心绪不宁、想要放松心情时饮用。睡前来一杯洋甘菊茶也是不错的选择。同时洋甘菊茶也是最适合儿童饮用的药草茶。

洋甘菊和牛奶的口味相合，搭配饮用味道也不错。此外，添加了洋甘菊的甜点也很值得推荐。洋甘菊还有促使子宫收缩的作用，因此孕妇应避免大量食用。

洋甘菊也有不同种类，其中最适合用来做药草茶原料的是德国洋甘菊，其次是罗马洋甘菊。这两种洋甘菊外观相似，不同的是德国洋甘菊是一年生草本植物，而罗马洋甘菊是多年生草本植物。两者虽都有类似苹果的甜香味，但罗马洋甘菊还略带些苦味。德国洋甘菊仅花有香

功效特点

促进消化。镇静。减轻腹痛、腹泻症状。缓解感冒、流感及过敏相关症状。消炎、镇痛、发汗、保湿。调理妇科系统疾病。

其他用途

浴用。添加到香皂、化妆水中。

MEMO 对菊科植物过敏的人以及孕妇慎用。

气，罗马洋甘菊则花和叶子均有香气。

药草茶中大多使用的是德国洋甘菊，而精油芳香疗法中多选用罗马洋甘菊。

德国洋甘菊

学名：Matricaria recutita
菊科·一年生草本植物
效用部位：花
栽培：春秋皆可播种。容易生蚜虫，需要特别注意

SPEARMINT

荷兰薄荷茶

一种适合新手、清凉感十足的药草茶

薄荷很容易杂交，也因此产生了很多杂交品种，种类繁多，单是被人们所熟知的薄荷就有30多种。因其抗寒性好，广泛分布于世界各地。薄荷的分类方式多种多样，但因各类薄荷的口味都很接近，17世纪以前并未对薄荷做过多的区分。

薄荷清凉的香气和带有刺激性的味道能够增强食欲，帮助消化，因此薄荷被广泛应用在肉菜、鱼菜、沙拉、甜点中。

作为药草茶原料的薄荷种类相对较少，常用的有这里介绍的荷兰薄荷和胡椒薄荷（参考50页）。

与胡椒薄荷相比，荷兰薄荷茶的香气更加温和，薄荷脑的含量也相对适中。荷兰薄荷茶带有醇厚的甜味，是一款儿童也比较容易入口的药草茶，不论是热茶还是冰镇饮用都很美味，适合新手尝试。荷兰薄荷茶的冲泡方式很简单：把几片新鲜的薄荷叶放入杯中，倒入热水，盖上盖子闷泡几分钟就可以品尝其风味了。还可以搭配柠檬香蜂草、柠檬草、柠檬马鞭草等柠檬类药草或牛奶饮用。

虽然荷兰薄荷促进消化的功效稍逊色于胡椒薄荷，但因其容易入口，荷兰薄荷茶广受人们喜爱。此茶振奋精神的功效显著，适合在需要提神、增强注意力时饮用。

荷兰薄荷的花形与矛（Spear）相似，因此其英文名被命名为『Spearmint』。因其叶子新鲜翠绿在日本也被叫作绿

功效特点

振奋精神。促进消化。缓解肠道胀气。提神。

其他用途

烹饪中调味。添加在点心中。浴用。

MEMO 儿童和婴儿禁用。

薄荷。荷兰薄荷是众多药草中最受欢迎的一种。

荷兰薄荷是一种耐寒植物，冬季地上部分枯萎，只要地下部分不被冻坏，到了第二年春天还会再次发芽生长。

荷兰薄荷

学名：Mentha spicata
唇形科 · 多年生草本植物
效用部位：叶子
栽培：适合生长在富含水分的土壤中。在略微背阴的地方也能生长

SAGE

鼠尾草茶

一种杀菌效果显著，能消除精神疲劳、提升干劲儿、增强注意力的药草茶

鼠尾草叶子香气浓郁，能够去除肉类的腥味，同时鼠尾草还能分解脂肪，因此常用于肉类菜品中。其独特的风味，使菜品更加别致。此外，在火腿中添加鼠尾草是利用其显著的杀菌功效。

学名中的『Salvia』源自拉丁语『Salvere』（拯救），由此可见很久之前人们就已经认识到鼠尾草的杀菌功效了。据记载，在古希腊、古罗马时代，鼠尾草被用来治疗百病。鼠尾草还能强健神经，补充血液，适合康复期的病人饮用。

鼠尾草的叶子干燥后由灰绿色变为银灰色，其独特的香气和苦味也会随之加重，和迷迭香、胡椒薄荷等混合饮用为佳。鼠尾草茶的历史也很悠久，17世纪，亚洲红茶传入欧洲之前，英国最受欢迎的茶饮就是鼠尾草茶。

鼠尾草茶能够消除精神疲劳、提升干劲儿、增强注意力，适合在心绪不宁、情绪低落时饮用。鼠尾草茶还有助于激素的分泌，能够缓解月经不调及更年期相关病症。因其促进消化作用显著，还适合在消化不良、肚子胀气时饮用。此外，要注意孕妇不能大量饮用。鼠尾草中含有诱发癫痫的成分，因此癫痫患者需慎重饮用。

鼠尾草容易栽培，从初夏盛开到秋季的紫色花朵非常漂亮，观赏性强。鼠尾草的变种很多，同种的鼠尾草属植物有数百种，被广泛地应用于香精油、线香、室内香薰瓶中。

功效特点

促进消化。缓解腹痛、肠道胀气。强健神经、杀菌、清热、净化血液。调理月经不调、缓解痛经。缓解更年期发热、盗汗等症状。

其他用途

用作香料。用在室内香熏瓶中。浴用。

MEMO

患有癫痫病者、孕妇以及哺乳期中的母亲饮用前请咨询医生。

常见的鼠尾草花为紫色或浅蓝色，也有白色、粉色的。

鼠尾草

学名：Salvia officinalis

唇形科·常绿灌木

效用部位：叶子

栽培：适合生长在排水性好的干燥土壤中。生命力顽强，易栽培

DANDELION

西洋蒲公英茶

一种利尿效果显著、能够增强肝功能的药草茶

西洋蒲公英是从欧洲传来的品种，与日本本地蒲公英的花萼形状不同，外侧花萼是翘起的。西洋蒲公英比本地蒲公英的繁殖力强，在日本都市里，本地蒲公英变得越来越少。

西洋蒲公英茶有使用叶子和煎炒过的根部做成的（蒲公英咖啡）两种。

这两种茶都有很好的利尿效果，能够排出体内多余的盐分和水分，适合身体浮肿、高血压的人饮用。服用普通的利尿剂后体内的钠容易流失，而西洋蒲公英含有丰富的钠，即使流失一部分，也能够维持体内的钠平衡。

西洋蒲公英中含铁量高，能够有效预防贫血，维生素和矿物质的含量也很高，能够增强肝胆功能，这一功效很早就被发现，人们将西洋蒲公英用在黄疸等的治疗中。富含维生素A、维生素C的叶片制成西洋蒲公英茶有改善痤疮、湿疹的功效。

■西洋蒲公英咖啡的制作方法

①将西洋蒲公英根洗净，去除尖端部分，切成5毫米左右，备用。

②将切好的蒲公英根风干，或是用烤箱低温烘干。

③将干燥的根部放进平底锅内，小火煎炒，至根部变为浅咖啡色。

④用咖啡研磨机研碎。

⑤用滤纸过滤后饮用。

西洋蒲公英咖啡的颜色和气味与普通的咖啡类似，且不含咖啡因，是一种健康饮品。咖啡粉的量因个人口味而异。总体来说，饮用时比普通咖啡粉少放些

功效特点

根：利尿。消炎。预防贫血。改善黄疸、关节炎症状，增强肝功能。

叶：利尿。强化消化器官功能。消炎。改善皮肤性疾病、泌尿系统疾病。预防贫血。缓解风湿症状，降压。

其他用途

食用。浴用。制作染料。

MEMO　对菊科植物过敏的人慎用。

为宜。将干燥好的西洋蒲公英根部保存好，饮用时再研磨，风味更佳。对菊科植物过敏的人慎用。

西洋蒲公英的根在日本常作为药草被用于增强肝功能，促进胆汁、母乳分泌，强健胃功能的药品中。

西洋蒲公英

学名：Taraxacum officinale
菊科 · 多年生草本植物
效用部位：根、叶子
栽培：适合生长在阳光充足、排水性好的地方

NETTLE

荨麻茶

一种能够缓解花粉症各种症状、预防贫血、香气温和的药草茶

荨麻茶在日本也叫西洋荨麻茶。其叶子和茎部含有有毒成分组胺，边缘有尖锐的小刺，如果不小心用手触碰到，刺痛感会持续几日。荨麻不可生食，而且荨麻干燥后表面的小刺就没有了，也就不用担心被刺到了。

从荨麻的茎中能够提取出用于纺织的纤维，在《安徒生童话》中也有用荨麻纺纱的场景，由此可见荨麻的这一特点曾被广泛利用。

香气能够给人一种莫名的眷恋之感的荨麻茶富含维生素和矿物质，有多重功效。特别是铁的含量高，能够有效预防贫血。此外，还有治疗妇科病（如念珠球菌性阴道炎）、控制经期出血量的功效。

近年来，人们开始关注荨麻改善花粉症的功效。自古以来，荨麻就被用在过敏症的治疗中。近年来，越来越多的人发现荨麻能有效缓解花粉症各症状。日本某机构给花粉症患者服用荨麻，并针对其效果做了统计。其中有六成左右患者的症状减轻了。如果您也正被鼻塞、流泪等症状困扰，不妨尝试一下荨麻茶。

此外，荨麻茶还可促进血液循环、尿酸代谢，有利于改善关节炎、痛风、湿疹等的症状。

荨麻降血糖的功效也颇受关注，利用荨麻来预防糖尿病的研究在进一步深入。其净血、解毒功效显著，有利于增强体质，改善因生活习惯不良引起的疾病。

荨麻茶有促进哺乳期乳液分泌的作用，生产前三个月左

功效特点

缓和花粉症。预防贫血。缓解关节炎、痛风、湿疹等症状。利尿、促进消化、收敛。净化血液。

其他用途

荨麻煎煮的提取液可用于敷布中。

MEMO

不能用手触碰荨麻茎叶边缘上的刺，也不可生食。怀孕初期慎食。

右开始饮用，效果明显。需要注意的是，怀孕初期不宜饮用。如果您对饮用荨麻茶有所疑虑，请咨询医生听取其意见。

株高 1~1.5 米的荨麻生命力顽强，在荒地中也能生长。花小，夏季盛开。

荨麻

学名：Urtica dioica
荨麻科 · 多年生草本植物
效用部位：全草
栽培：适合生长在富含氮素的土壤中

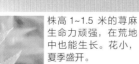

HIBISCUS

洛神花茶

一种抗疲劳效果显著、适合在运动前后和盛夏时饮用的药草茶

一直以来，人们认为洛神花茶的原料是可食用的玫瑰茄种的果实，但其实准确地说，它并不是果实，而是花瓣凋谢后剩下的花萼。萼片拱起保护中间的花蕊，看上去像果实一样。在日本南方地区的园艺品店里见到的鲜红的洛神花是观赏性品种。可食用的玫瑰茄种与观赏性品种相比，花较小且颜色多样，如浅粉色、乳白色。花萼的颜色则相同，均呈深红色。

洛神花茶颜色鲜红，能让人联想到红宝石。这一颜色得益于洛神花中的花青素。产地不同，其颜色也有微妙的差异。产自中国的洛神花茶颜色是接近紫色的暗红色，产自苏丹的则为泛红的橙色，产自埃及的颜色则在两者之间。不论产地是哪，酸味较强，几乎没有甜味是洛神花茶共同的特点。如果不适应这种酸味，可以根据个人喜好加入蜂蜜、甜菊糖等调味，也可以将洛神花和其他药草混合饮用。

洛神花的酸味源自其含有的大量的柠檬酸和酒石酸。柠檬酸在梅干中的含量也很丰富，它的抗疲劳效果十分显著。因此将洛神花用在运动饮料中的运动员越来越多。洛神花茶增强食欲的效果较为可观，身体倦怠、极度疲惫时饮一杯洛神花茶有助于恢复精神。冰镇饮用也有一种清爽的风味，适合盛夏天气饮用。

此外，洛神花茶还有缓解宿醉后头疼等症状的作用。大量饮酒后，第二天清晨饮一杯洛神花茶能有效缓解宿醉症状。洛神花

功效特点

抗疲劳。利尿。预防和缓解眼睛疲劳。改善代谢、强壮身体、缓下作用。

其他用途

添加在食品调料、点心中。

MEMO

花青素丰富，如红宝石一样鲜艳的红色是洛神花茶的特点。

茶有改善代谢、强壮身体、缓下等作用。其预防、缓解眼睛疲劳的功效也备受青睐，适合经常使用电脑者眼睛疲劳时饮用。因富含维生素C，洛神花茶还可以防止皮肤变粗糙。

作为药草茶原料的洛神花是可食用的玫瑰茄种。左侧照片为观赏性洛神花。

洛神花

学名：Hibiscus sabdariffa
锦葵科·一年生草本植物
效用部位：花萼
栽培：洛神花畏寒，不适合家庭种植

PASSION FLOWER

西番莲茶

能够有效治疗失眠、缓解焦虑情绪，被称为“天然镇静剂”

西番莲的花形与表盘相似，因此在日本也称西番莲为时钟草。在欧洲，人们认为西番莲独特的花形象征着『耶稣受难』被钉死在十字架上时头顶的荆棘王冠，因此将其命名为『Passion Flower』（受难果）。

西番莲治疗失眠的效果显著，被称作『天然镇静剂』，对各种类型的失眠都有明显的改善作用，其中对神经性失眠的治疗效果尤为显著。有烦心事，想睡却难以入睡时，适合饮用西番莲茶。西番莲叶子中含有的生物碱和类黄酮成分有安定神经的作用。

由于过度紧张导致出现头痛、肌肉僵硬等严重症状时，也推荐饮用西番莲茶。虽略带苦味，但西番莲茶整体口感温和，细细啜饮，就能体会到其安定心神的功效。出现入睡困难、睡眠较浅等症状时，也可通过饮用西番莲茶来改善。

长期服用镇静剂容易产生依赖性，一旦停药后更加无法入睡。饮用西番莲茶则不用担心产生依赖性的问题，同时还能有效改善睡眠。

除治疗失眠外，不安、紧张、心绪不宁时饮用西番莲茶也能起到很好的放松心情的作用。此外，西番莲还有抑制心跳过速、降血压的功效，甚至还有可能导致嗜睡，因此孕妇最好不要服用，开车前也不宜服用。

西番莲多生长于日本四国、鹿儿岛县南部、冲绳县等地。其

功效特点

镇静。治疗神经性哮喘发作、癫痫发作。

其他用途

入药。制作果汁（果实）。

MEMO 孕妇慎用。开车前也不宜服用。

果实（百香果）酸甜可口，富含水分，可制作果酱和果汁。

西番莲花颜色和形状丰富，其独有的表盘式花形给人深刻的印象。西番莲花在英国也很有人气。

西番莲

学名：Passiflora incarnata

西番莲科·蔓性多年生草本植物

效用部位：叶子、蔓

栽培：适合生长在土壤较肥沃的地方

FENNEL

茴香茶

一种自古以来就备受女性青睐的减肥茶

茴香常作为一种香料添加到面包、苹果派、咖喱、酱汁中。意大利是率先将茴香作为香料添加到食品中的国家。在意大利，甚至有人为了将茴香的风味添加到面包中，在烤面包的炉子里铺满茴香。茴香能够去除鱼腥味，适用于各种鱼菜品。

把茴香放进开始有些变味的鱼肉里搅拌，鱼原有的香味就又回来了，人们把这种现象叫作『回香』，这也是茴香名字的由来。

茴香是多年生草本植物，生命力顽强，只要有充足的日光照射就能生长，广泛分布于南欧、西亚等地区。很久之前茴香就进入了人们的生活，入药使用的历史也很长。在古埃及医书《埃伯斯纸草文稿》（*Ebers Papyrus*）中也有对茴香药用功效的记载。

茴香的减肥功效显著。古希腊语中茴香叫『Marathron』，这个词来源于表示瘦的词『Marano』。茴香还能够排出体内多余的水分，利尿效果好。同时还能治疗便秘，清除体内囤积的废气。茴香辛辣中略带苦的味道能够增强饱腹感，有助于减肥。

哺乳期饮用茴香茶能够增加出奶量。同时茴香茶还有刺激子宫的效果，患有妇科疾病的人都不宜大量饮用。

茴香精油的药效也很好，和蜂蜜一起冲调饮用，有止咳效果。涂抹在关节炎及风湿患处有消炎祛痛效果。茴香茶也有止咳效果。

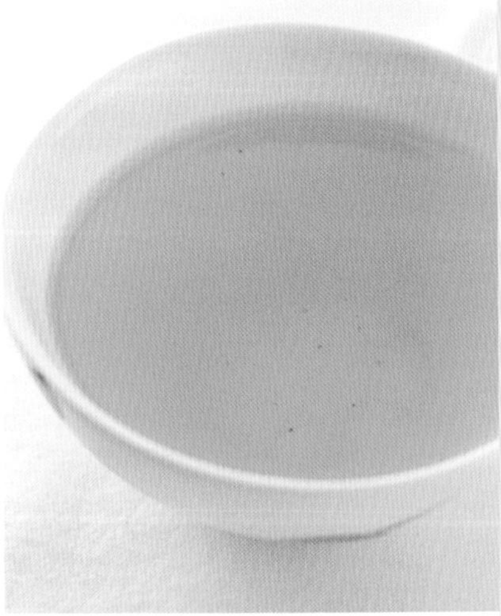

功效特点

改善便秘。解毒、利尿。缓解月经不畅、关节痛症状。减肥效果明显。促进消化。

其他用途

浴用。添加到各种菜肴里。

MEMO

孕妇和有妇科疾病的患者不宜大量饮用。小孩、婴儿也慎用。同时不要和香菜（Caraway）一起食用。

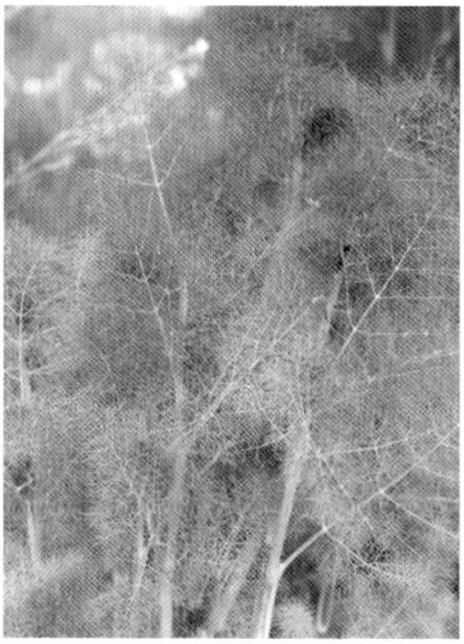

气味浓郁的茴香种子也被用来提升普罗旺斯当地“茴香酒”（Pastis）的香气。

茴香

学名：Foeniculum vulgare
伞形科·多年生草本植物
效用部位：种子、果实、叶子、茎
栽培：适合生长在阳光充足、排水性好的地方

PEPPERMINT

胡椒薄荷茶

一种深受日本人喜爱，有促进消化、杀菌等多重功效的药草茶

功效特点

促进消化。缓解胃腹疼痛。改善胸闷、恶心的症状。杀菌、抗病毒、发汗。提高中枢神经活性。

其他用途

食用。添加到点心中。浴用。外敷，治疗肌肉痛、肩周炎、神经痛、风湿。

MEMO 怀孕和哺乳期不宜大量饮用。小孩、婴儿慎用。

薄荷有很多杂交种、混合种。薄荷脑清凉感突出的胡椒薄荷是由荷兰薄荷（参照36页）与水薄荷①杂交而成的。

胡椒薄荷的药用功效在众多薄荷属植物中最为有名。在欧洲用来入药的几乎全部为胡椒薄荷。

胡椒薄荷中薄荷脑的含量很高，稍逊于日本薄荷②。薄荷脑是胡椒薄荷独特的清凉口感的来源，也是其药用功效显著的原因。薄荷脑成分能够刺激胃壁蠕动、减少肠内气体、促进消化、缓解胃腹疼痛。

饮食过量或者消化不良时会产生胸闷、恶心等症状，严重时甚至会伴有偏头痛。胡椒薄荷茶能够有效改善这些症状。因大量饮用咖啡导致胃部不适时，用胡椒薄荷来代替咖啡饮用，有助于胃功能的恢复。

胡椒薄荷茶味道清香、口感清凉，能够清新口气，适合在需要提神时或饭后饮用。欧洲人多喜欢饮用荷兰薄荷茶，日本人则更喜欢胡椒薄荷茶。在禁止饮酒的阿拉伯国家，薄荷茶深受人们喜爱。

胡椒薄荷除了前面介绍的功效外，还有很好的杀菌作用。胡椒薄荷的清凉感能够刺激中枢神

① 水薄荷，英文名「Watermint」，拉丁学名「Mentha aquatica」。

② 薄荷脑含量丰富。英文名「Field mint」，拉丁学名「Mentha arvensis」。

经，活跃脑细胞。在需要提神、增强注意力的场合，可以饮用胡椒薄荷茶，也可以选择胡椒薄荷精油香熏。

胡椒薄荷不仅用在饮料、甜点、酱料、西洋醋中，还被用于制作牙膏、药品、香烟。

胡椒薄荷

学名：Mentha piperita
唇形科・多年生草本植物
效用部位：叶子
栽培：适合生长在富含水分的土壤中。性喜阳，在稍背阴的地方也能生长

MARJORAM

马郁兰茶

自古以来就有马郁兰能够给人带来幸福的说法

功效特点

促进消化、增强食欲。防腐。镇静。能够改善花粉症、过敏、感冒等相关症状。还能缓解头痛、生理痛，调节月经。

其他用途

食用香料。用在室内香熏瓶中。浴用。

MEMO 孕妇和心脏疾病患者需要注意饮用的量和时间。

马郁兰也叫甜马郁兰，和牛至（参考93页）是同种。马郁兰的甜香味比牛至浓，和百里香（参考119页）更接近。

在古希腊和古罗马时代，马郁兰就被用作食物调味剂了，同时还被用来入药。在古埃及，马郁兰被用作防腐剂，在古罗马则被广泛用作强壮剂、兴奋剂。日本江户末期的文献中称其为『Majorana』。

马郁兰被人们看作能够带来幸福的药草，因此结婚时有给新郎新娘戴马郁兰做的花冠的习俗。死者的墓上如果长出了马郁兰，则意味着死者已经得到了幸福。

在啤酒花（参考139页）出现之前，马郁兰也曾被用来酿酒。马郁兰有调香、防腐的功效，可用来制作芳香剂、化妆品等。有时制作家具如床时也会使用马郁兰。

马郁兰被称为『肉类烹调药草』，在意大利菜中被用作香料。马郁兰可以加入火腿、芝士、汤、蔬菜里，也可以加入羊肉、内脏类的烹制中，能够有效去除腥味，衬托香气。同时马郁兰还可以用作利口酒的原料。

马郁兰茶略带苦味，能够促进消化，增强胃肠功能。同时还能促进经期血液循环，有利于排出体内毒素。口味清爽的马郁兰茶能够增进食欲，适合在食欲不佳时饮用。

马郁兰茶有安定神经的作用，能够使人心情平和，还有助于缓解不安、紧张情绪。它还能缓解因紧张不安引起的失眠症状。此外，其改善花粉症、过敏、感冒等相关症状的效果也很显著。其叶子富含丰富的维生素A，咬碎了能够缓解牙痛。

马郁兰的叶子上有一层毛覆盖，香味浓郁。白色或淡紫色的花凋谢后，会结出很多结扣状的种子。

马郁兰

学名：Origanum majorana
唇形科·多年生草本植物
效用部位：叶子
栽培：适合生长在阳光充足的坡地上

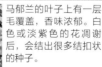

MARIGOLD

金盏菊茶

美丽的金黄色金盏菊茶适合感冒预防以及感冒初期饮用

金盏菊大量分布在中东和欧洲，同日本的金盏花同属。它对土壤的要求不严，因此野生的金盏菊也很多见。金盏菊是金盏菊属植物，花期长。其属的名字也来源于表示『好几个月过去了』的拉丁语『Calendhura』。

金盏菊在欧洲很早就被人们所熟知、喜爱，曾出现在莎士比亚的作品中。其嫩叶可以食用，花可以入药，还可以作为烹饪时的调味料。金盏菊可以作为藏红花的替代品为大米等食品上色。新鲜的金盏菊还可以加到沙拉、拌饭中，其鲜艳的橙色能够很好地点缀菜品。作为可以食用的花的一种，它很受人们的喜爱。

金盏菊茶以金盏菊的花为原料。此茶颜色是明艳的金黄色，略带苦味，香气温和。

金盏菊有较强的清热、发汗作用，在感冒初期适合饮用金盏菊茶。金盏菊中含有促进胆汁分泌的成分，能够增强肝功能。此外，金盏菊能改善带状疱疹等病毒引起的发疹性皮肤病症状。

金盏菊可以用作外用药。将添加有金盏菊精油的药膏涂抹在伤口处，能够缓解疼痛，促进伤口愈合。金盏菊茶外用也可抑制皮肤炎症，还能用于晒后皮肤护理。

入药的金盏菊（Pot marigold）比观赏用的法国金盏菊（French marigold）的花大，作为药草茶饮用的是前者。

功效特点

清热、发汗、杀菌。缓解溃疡疼痛及痛经。能够治疗带状疱疹、病毒性皮肤病。还能作用于肝脏加快酒精的分解。

其他用途

食用。制作染料、染发剂。还可用作外用药。

MEMO 对菊科植物过敏的人和孕妇禁用。

日出花开、日落花谢的
金盏菊也被用作染料。

金盏菊

学名：Calendula officinalis
菊科・一年生草本植物
效用部位：花、花瓣
栽培：适合生长在阳光充足的地方

MALLOW

锦葵花茶

一种赏心悦目，可以保护嗓子、治疗支气管炎的药草茶

自古希腊和古罗马时代开始，锦葵的茎和叶子就被当作野菜食用，花、叶、根也被用作茶饮。到了中世纪，锦葵开始在世界范围内广泛种植。现在其变种已经多达1000种。锦葵良好的镇痛、消炎作用被人们广泛利用。

锦葵的日文名是『薄红葵』，和日本的锦葵是不同属植物。日本没有本地产的锦葵科植物，一直以来被称作冬锦葵的是原产于亚洲温带、亚热带的品种。

锦葵的同属植物中，蜀锦葵（薄红立葵）也比较有名。它不仅可以抑制喉咙痛、支气管炎，治疗大肠炎，还被用作药草茶。

刚加水冲泡时锦葵花茶是鲜艳的蓝色，慢慢地颜色加深，变为紫色，加入几滴柠檬后，又会变为鲜艳的粉色。锦葵茶的这种颜色变化与黎明时天空中彩霞的变化类似，故被叫作『黎明之茶』。冰镇锦葵茶颜色的变化也很漂亮。

这款被格蕾丝·凯利①王妃钟爱的药草茶，在咳嗽不止、痰多时饮用，症状能够减轻。用浓锦葵茶漱口可以有效减轻喉咙疼痛，适合经常抽烟的人饮用。

锦葵茶味道温和，有放松身心、振奋精神的功效。推荐搭配甘菊、玫瑰一起饮用。

带有麝香气味的麝香锦葵被用于观赏性园艺中，受到人们喜

① 英文名是Grace Kelly，演员，后成为摩纳哥王妃。

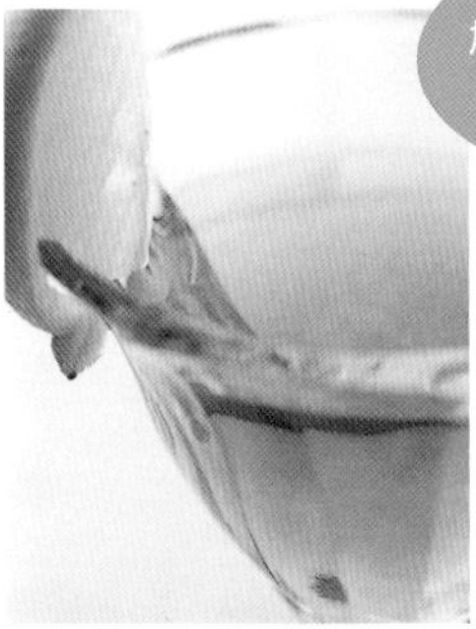

加入柠檬后会变为粉色

功效特点

镇痛、消炎。能够改善支气管炎等呼吸系统病症。还有美肤、美白效果。

其他用途

提取液可用于敷布疗法。可食用、入药。还可用于观赏园艺。

爱。还可以用来制作面霜。该品种不适合用来泡茶。

蜀葵（Marshmallow）的根部含有天然的糖分，曾被用来制作棉花软糖。

锦葵

学名：Malva officinalis
锦葵科·两年或多年生草本植物
效用部位：花
栽培：抗寒性好，容易栽培

EUCALYPTUS

尤加利茶

一种杀菌效果好，能够缓解感冒、花粉症症状的药草茶

尤加利有500多个品种，原长于澳大利亚的树木中有一多半都和尤加利同属。其中最常见的品种是被叫作塔斯马尼亚蓝桉的尤加利桉树（Eucalyptus globulus）。树皮灰蓝色，新叶嫩绿色，长大后变为深绿色，树干高的可达70米。

澳大利亚的土著人（Aborigine）用尤加利的叶子给伤口消炎、解毒，以此来疗伤，还将从尤加利的叶子和嫩枝中提取的精油应用到生活各个方面。

尤加利于明治初期被引入日本，当时有『种植尤加利后，空气变得更加干净』一说，因此以『尤加利』来命名记载。

尤加利的有效成分具有很强的杀菌、抗病毒功效，能够有效缓解喉咙炎症、疼痛症状，被广泛用作润喉糖原料。将尤加利精油放入热水中，使其有效成分随水蒸气挥散。此种蒸汽吸入法能够缓解喉咙疼痛，改善鼻塞症状，使呼吸更加通畅。

尤加利茶也有缓解感冒、流感引起的喉咙痛、鼻塞症状，改善花粉症导致的眼睛充血、流鼻涕等症状的功效。尤加利还有促进血液循环的作用，能够减轻发冷、肩膀酸痛的症状，此外还能改善低血压症状。在我国中医中，尤加利是一味治疗感冒的中草药。

新鲜的尤加利叶子和樟脑一样，带有独特的草药味。制成茶饮时，该味道会大幅度变淡，几乎不被人察觉。习惯了尤加利茶后，能够感受到它温和的风味。

功效特点

有消炎作用，能够缓解花粉症症状。有抗菌作用，能够改善感冒、流感、支气管炎等呼吸系统病症。还能减轻发冷、肩膀酸痛症状。

其他用途

可用作润喉糖、外用药、防腐剂。除用作茶饮外还可以用作漱口水。

MEMO

高血压的人、孕妇不宜使用。同时还要避免长期、过量使用。

根据个人喜好可以搭配胡椒薄荷、荷兰薄荷等药草饮用，也可加入少许蜂蜜调味饮用。

尤加利精油也有很好的杀菌、祛痰、抗病毒功效，被广泛使用。

尤加利

学名：Eucalyptus globulus
桃金娘科·常绿高大乔木
效用部位：叶子
栽培：根分泌有毒成分，影响附近植物的生长

RASPBERRY LEAVES

覆盆子叶茶

一种有助于生产、哺乳，有安产功效的药草茶

覆盆子红色的果实味道酸甜可口，在欧洲自古就被人们所熟知喜爱。进入中世纪后，开始被广泛栽培，各式各样的品种也逐渐出现。日本称其为『欧洲树莓』，和日本本地的树莓不同。

覆盆子叶茶口感与日本茶相似，香气柔和，令人心情舒畅。此外，覆盆子叶茶的安产功效也很受重视。特别是在顺产分娩，需要有助产妇（接生婆）一直在旁帮忙的时代，这一功效尤为重要。

临近分娩期的时候定期饮用覆盆子叶茶能够强化子宫、骨盆肌肉，减轻分娩时孕妇的负担。此茶还有促进子宫收缩的作用，分娩后继续饮用，有助于产后恢复，同时还能有助于母乳分泌，是一款非常适合孕妇和产妇饮用的药草茶。但另一方面，在怀孕初期，覆盆子叶茶促进子宫收缩的作用反而不利于保胎，因此一定要注意饮用的时期。一般来说在临产前2个月左右开始饮用为宜。服用前一定要咨询医生，遵医嘱。

促进子宫收缩功效显著的覆盆子叶茶，能够有效地缓解痛经。此外，其止泻、改善喉咙痛、减轻口腔溃疡的效果也很突出。

覆盆子叶茶是有名的孕妇茶，此外，因其富含铁、钠、维生素B族等，也是最好的预防贫血、消除疲劳的药草茶。

覆盆子果酸甜可口，其中维生素C的含量很低，几乎没有，钾、钠等矿物质元素的含

功效特点

强化子宫、骨盆肌肉。改善喉咙发干、口腔溃疡、痛经症状。预防贫血。消除疲劳。

其他用途

添加到果酱、点心中。制作染料。用作香料。

MEMO 孕妇饮用覆盆子叶茶时需要遵从医生嘱咐。

量很高。覆盆子果实不仅生食味道可口，还可用于果酱、点心中，是一种非常健康的食材。

覆盆子植株能长到1.5米左右。茎上有一层茸毛包裹，还生有柔软的倒刺。

覆盆子

学名：Rubus idaeus

蔷薇科・落叶灌木

效用部位：叶子

栽培：覆盆子树苗移栽，浅埋即可

LAVENDER

薰衣草茶

一种香气华贵、颇有人气的药草

功效特点

镇静。缓解头痛、痛经、消化不良症状。防腐、抗菌、杀菌。消除疲劳。治疗由身心紧张引起的失眠。

其他用途

用在室内香熏瓶中。浴用。

MEMO 孕妇不宜大量服用。

薰衣草的香气浓郁华贵，被称为『香草之后』。薰衣草是众多药草中最受人们喜爱的药草之一。

薰衣草茶冲泡时，其独有的浓郁的香气四处飘溢。薰衣草冲泡后会变为鲜艳的紫色，几朵花浮在杯中的样子也别有一番风味。如果觉得薰衣草的香气过于浓郁，可以冲泡得淡一些，也可以和荷兰薄荷等药草搭配混合饮用。

薰衣草的名字来源于表示『清洗』之意的拉丁语。在古罗马时代，薰衣草被用作大众浴池的入浴剂，还被用于清洗，能使衣物芳香。由此可见，薰衣草清爽的香气在当时颇受人们喜爱。薰衣草是干净、纯洁、长寿、和平的象征。但孕妇不宜大量饮用。

薰衣草的香气有很强的镇静作用，心绪不宁、忐忑不安时饮用能够使心情平静、放松。薰衣草能够缓解失眠、头痛、痛经等病症，改善压力大引起的高血压，对于口臭、腹痛、肚子胀气等症状也有很好的缓解效果。

用途广泛是薰衣草的特点。薰衣草的花干燥后可用在室内香熏瓶中，也可以制成香包，香味持久。薰衣草一直都是香皂、蜡烛的原料。利用薰衣草的镇静作用制成的蒸汽眼罩能够缓解眼睛疲劳，放松心情，很受欢迎。

在众多品种的薰衣草中，法国薰衣草和英国薰衣草可以用于提炼高级香精油。用作药草茶原料的大部分是英国薰衣草。

『芳香疗法』一词是由法国科学家盖特佛塞（Rene Maurice Gattefosse）提出的。关于这位科学家和薰衣草之间还有段趣闻。据说盖特佛塞在一次研究室的意外事故中烫伤了手，并误打误撞地使用了薰衣草精油，烫伤意外地恢复得很快。

薰衣草花不仅可以用来制作茶饮，还可以用于果酱、西洋醋、点心装饰。

薰衣草

学名：Lavandula officinalis
唇形科・灌木
效用部位：花
栽培：适合生长在阳光充足的地方

LINDEN

菩提茶

一种能够降血压、预防多种疾病的药草茶

菩提树高约30米，夏初会盛开无数黄绿色小花，原种植于欧洲，经常被种在林荫大道的两侧，为人们所熟知。

以花和花苞（花附近的叶子）为原料的菩提茶，香气典雅，余味清爽。菩提茶有促进消化的作用，适合饭后饮用。

菩提茶有安神的作用，可用于治疗失眠。在欧洲，小孩兴奋过度，完全不听家长的话时，有给小孩喝菩提茶的习惯。菩提茶中的生物类黄酮成分有降低血压的作用，可用于预防动脉硬化和心肌梗死等疾病。菩提茶适合神经质、易怒、压力大的人饮用。菩提茶还有很好的发汗功效，可以改善感冒、流感的初期症状。

从菩提花中提炼的蜂蜜很珍贵，广泛用于利口酒、饮料、入浴剂中。

树干部分也可以用作药草茶的原料。菩提树干冲泡的茶几乎没有香气，适合搭配其他药草一起冲泡。树干部位有增强肾功能的作用。此外，还有利尿、降低胆固醇的作用，是一款颇有人气的能够改善浮肿、有减肥功效的药草茶。

功效特点

缓和紧张情绪。治疗失眠。促进消化。利尿、发汗。缓解感冒、流感、头痛等症状。预防高血压、动脉硬化。

其他用途

可用于蜂蜜、饮料（利口酒）中。浴用。

MEMO 儿童饮用时要注意用量，建议从1/3杯左右开始尝试。

东京银座的林荫大道中的菩提树（上）。左图中间细长的浅绿色的东西即为花苞。

菩提树

学名：Tilia europaea
椴树科・落叶高大乔木
效用部位:花、花苞、树干（白木质）
栽培：在欧洲林荫大道两侧一般种菩提树

LEMONGRASS

柠檬草茶

一种有柠檬香味，能够增进食欲、缓解疲劳的药草茶

柠檬草外观和稻子、狗尾草很像，是一种植株较高的草本植物。将柠檬草的叶子弄碎揉搓，会散发出一种类似柠檬的柑橘类果香味，这是因为柠檬草中含有大量的柠檬醛，柠檬醛是柠檬香味的来源。

有着类似柠檬的清爽香气和温和酸味口感的柠檬草茶深受人们喜爱。泡茶时选用新鲜的或干燥的柠檬草皆可，干燥后的柠檬草冲泡的茶饮风味稍差些。

柠檬草茶有促进消化的作用，饭前饭后皆可饮用。柠檬草茶还可以缓解因刺激引起的腹痛、腹泻症状，适合在胃肠不舒服，没有食欲时饮用。

柠檬草清爽的风味能够促进代谢、缓解疲劳，适合在注意力不集中、犯困、喝酒时、喝酒后饮用，有助于放松身心。柠檬草还有较好的发汗、杀菌功效，能够缓解感冒、流感症状。

不论是新鲜还是干燥的柠檬草，其味道和香气均适合搭配其他药草，可以用作混合药草茶的基调。

柠檬草的另一特点是种植方便，在家中即可简单种植。将买回来的柠檬草苗栽在花盆中，放在阳光充足的地方，充分浇水即可。柠檬草畏寒，冬天最好将花盆搬入室内。

柠檬草还常被用在烹调中，特别是在一些特色料理中，是一味不可或缺的调味剂。柠檬草的

功效特点

促进消化。缓解腹痛、腹泻症状。缓解疲劳。增强食欲。缓和感冒、流感症状。

其他用途

可以制作香水、防虫剂、香皂。浴用。在东南亚常用作烹饪调味品。

MEMO 孕妇不宜大量饮用。

叶子和茎被用于各式各样的料理。泰国料理的代表冬阴功汤中就加入了柠檬草的茎，给冬阴功汤的辣味中增添了独特的风味。

柠檬草是株高 1.5 米左右的多年生草本植物。为了避免被草叶划伤，请使用剪刀剪碎。

柠檬草

学名：Cymbopogon citratus
禾本科・多年生草本植物
效用部位：叶子
栽培：可以简单地在家中种植

LEMON VERBENA

柠檬马鞭草茶

一种能够使人心情平静，适合新手饮用的药草茶

柠檬马鞭草是分布于南美等地的落叶灌木，夏季枝头上会开出白色或紫色的小花。柠檬马鞭草细长状的黄绿色叶子能释放出浓郁的香味，在日本也称其为『想水木』。

柠檬马鞭草茶的颜色为略微泛绿的黄色，香气与柠檬类似，酸味中还带着一丝丝甜。在柠檬系茶饮中柠檬马鞭草的口感比较温和，适合新手饮用。在柠檬马鞭草中加入其他柠檬系的药草混合泡饮的方法也很流行，搭配菩提（参考64页）、红玫瑰（参考76页）饮用的方式也很有人气。

柠檬马鞭草有镇静作用，适合在精神紧张、心绪不宁时饮用，能够改善抑郁、失眠的症状。柠檬马鞭草还可以祛寒，缓解支气管和鼻子炎症，适合在感冒初期饮用。

柠檬马鞭草茶在欧洲很受欢迎，被称作『贵妇茶』。在法国，一天工作结束后去茶馆、酒吧等地喝一杯柠檬马鞭草茶，被认为是很时髦的事。

新鲜、干燥的柠檬马鞭草均可以用作茶饮。干燥的柠檬马鞭草保存时间长，直接冲泡茶的香味不够浓郁，轻轻揉碎后再冲泡，柠檬的香味就会自然溢出。

野生的柠檬马鞭草株高3~4 米，在冷温带地区则很难长到这么高。在欧洲用花盆在室内种植柠檬马鞭草的人也很多。

功效特点

镇静。改善消化不良、恶心、失眠等症状。

其他用途

可以用于制作香料、化妆水。可以食用，还可用作园艺观赏。

MEMO 柠檬马鞭草会刺激胃，不宜长期大量饮用。

柠檬马鞭草也叫马鞭草，还可以用于改善西洋醋、油、酒的口感。

柠檬马鞭草

学名：Aloysia triphylla
马鞭草科·落叶灌木
效用部位：叶子
栽培：畏寒，冬季须放在室内

LEMON BALM

柠檬香蜂草茶

一种能够振奋精神、香气清爽的药草茶

柠檬香蜂草是株高50~90厘米的唇形科多年生草本植物，外形和紫苏相似，叶子带有类似柠檬的香气，常被用在料理的烹饪制作中。柠檬香蜂草原产于地中海地区，被视作一种非常珍贵的植物，由阿拉伯商人传入欧洲。也有柠檬香蜂草原为东洋植物的说法。

柠檬香蜂草茶有柠檬的香气，味道却不酸，微甜。有镇静功效和缓解神经疲劳的作用，适宜在紧张、心绪不宁时饮用，也可在工作、学习闲暇之时饮用，有放松心情的效果。

柠檬香蜂草茶有消除不安情绪、使人放松的功效，被认为是能够振奋精神的茶饮。它还有发汗作用，适合在感冒初期冲泡热茶饮用，能够清热、解毒、减轻感冒症状。

柠檬香蜂草口味温和，适合与其他药草搭配混合泡饮。薄荷系与柠檬系的药草几乎适合与任意药草搭配。

柠檬香蜂草被广泛用于沙拉、汤、肉类料理中，增加柠檬风味。鸡尾酒中加入柠檬香蜂草，口感更加清爽。

柠檬香蜂草学名中的『Melissa』的语源是一个表示『蜜蜂』的希腊语。由此可见，柠檬香蜂草自古以来就与蜜蜂有着密切的关系。花蜜能提炼出高品质的蜂蜜，因此柠檬香蜂草也被认为有与蜂蜜、蜂王浆一样的强健身体的作用。

功效特点

促进消化。镇静、镇痛。健胃。发汗、清热、解毒。

其他用途

用于料理烹饪中。提炼蜂蜜。敷布。浴用。

MEMO 柠檬香蜂草富含具有抗氧化功效的多酚。

柠檬香蜂草还可外用，敷布能够治疗疱疹、糜烂、痛风、神经痛、蚊虫叮咬。药草浴有缓解精神不安、大脑疲劳的功效。

取一把新鲜的柠檬香蜂草，用纱布包裹放入浴槽中，就可以美美地享受药草浴了。

柠檬香蜂草

学名：Melissa officinalis
唇形科・多年生草本植物
效用部位：叶子
栽培：生长快，培育简单

ROSE HIP

野玫瑰果茶

一种美容效果奇佳、号称“维生素C炸弹”的药草茶

野玫瑰果是玫瑰花凋谢后结的果实①（准确来说是『伪果』）。最常见的野玫瑰果茶选用的是一种叫犬蔷薇品种的野玫瑰果实。锈红蔷薇和皱叶蔷薇（日本蔷薇）等品种也可以用作野玫瑰果茶的原料。在古罗马时代，人们认为野玫瑰能够治疗狂犬病，因此给它起了个表示『犬蔷薇』之意的拉丁语名字，其英文名字也叫『Dog Rose』。

野玫瑰果含有丰富的维生素和矿物质。特别是维生素C的含量极高，为柠檬的20~40倍，甚至被形象地称为『维生素C炸弹』。

除了丰富的维生素C外，野玫瑰果还含有有机酸，野玫瑰果茶也因此有着多重功效。首先，野玫瑰果茶的美容效果奇佳，能够改善干燥、敏感型皮肤问题，还能补充因饮酒、抽烟流失的维生素C，适合喜欢抽烟又担心皮肤变粗糙的人饮用。

其次，众所周知，维生素C能够有效地预防和缓解感冒症状，富含维生素C的野玫瑰果茶也有相同功效。

此外，维生素A、维生素B族、维生素E含量都很丰富的野玫瑰果茶有滋补功效，可用来给孕妇、产妇补充营养。野玫瑰果含有纤维素，有通便功效，同时还有利尿、促进代谢的作用，可用作减肥茶。

野玫瑰果茶有水果香味，含

① 严格来说野玫瑰果中间，像核一样的小坚果是野玫瑰的果实。

功效特点

改善便秘。利尿。有利于病人恢复体力。能够改善感冒、月经不调、痛经的症状。美容养颜。

其他用途

添加在果酱、点心中。

MEMO 野玫瑰果含有抗氧化的番茄红素，有抗衰老功效。

在嘴里也不会觉得特别酸，是一种适合饮用的酸味茶。

野玫瑰果茶几乎可以和所有的药草茶搭配饮用，尤其适合与洛神花茶、红玫瑰花茶混合泡饮。

用野玫瑰果茶招待客人时，因其有效成分不易溶出，需要静静闷泡5分钟以上，建议茶泡浓一些，有效成分能够更好地溶入茶水中，口感也更加纯正。

秋天，野玫瑰的果实（伪果）变红，将种子和表面的白毛去掉后，剩下的部分就是野玫瑰果茶的原料。

野玫瑰果

学名：Rosa canina
蔷薇科·落叶灌木
效用部位：果实
栽培：被广泛栽培于世界各地

ROSEMARY

迷迭香茶

一种有醒脑、唤醒身体活力的功效，适合早上饮用的药草茶

迷迭香的叶子呈针形，与松叶相似，含有大量树脂，用手指摩擦，会散发出一股像樟脑一样的独特香气。迷迭香茶香气浓郁，口感温和，余味清新。

关于迷迭香有很多趣闻逸事。其『圣母马利亚的玫瑰』一名也是来源于一段与圣母马利亚有关的故事。传闻圣母马利亚在抱着耶稣逃跑途中，将斗篷挂在开着白色小花、散发着清香的树上，准备稍事休息。不料，原本白色的花全部变成了和斗篷相同的蓝色。从那以后，人们便称这种树为迷迭香。近年，迷迭香的颜色也变得更加多样化了，不仅有蓝色的，还有浅紫色、粉色等。迷迭香的花语是『记忆』『回忆』。它独特的香气有增强大脑活性的功效。

迷迭香茶香气浓郁，有较强的刺激作用，能够促进血液循环，吸入后有提神醒脑的功效，适合早晨饮用，尤其适合血压低、早晨起床困难的人饮用。迷迭香茶能够使大脑和身体充满活力，增强注意力，提升记忆力，缓解神经性头痛。此外，迷迭香茶还能够促进脂肪分解，有减肥功效。

自古以来，迷迭香就有『返老还童药草』之称。它含有的迷迭香酸成分有抗氧化功效，从匈牙利『皇后水』使匈牙利王妃返老还童的传说中，也能看出迷迭香抗衰老效果之显著。

迷迭香还常用于意大利料理，特别是一些带腥味的肉类料理中。迷迭香有很好的杀

功效特点

促进大脑活性，提高身体机能。强化血管壁，促进血液循环，缓解肌肉酸痛。

其他用途

烹饪中使用。添加在化妆水、染发剂中。

MEMO 迷迭香茶孕妇不宜大量饮用。也不适合高血压患者饮用。

菌、抗氧化作用，有利于食物的保存。

迷迭香喜阳耐旱，生命力顽强。株高约 2 米，可用枝条扦插繁殖。

迷迭香

学名： Rosemarinus officinalis
唇形科 · 常绿灌木
效用部位： 叶子
栽培： 适合生长在排水性好、光照充足的地方

ROSE RED

红玫瑰花茶

一种香气典雅高贵、有多重功效的药草茶

玫瑰（蔷薇）的起源可以追溯到6000多年前的古巴比伦时代。中世纪以前人们就开始对玫瑰进行品种改良，到现在，玫瑰的品种数量已非常庞大。

用来做药草茶原料的玫瑰是与原种接近的传统玫瑰，园艺观赏用的现代玫瑰则不适合泡饮。其中用花来泡茶的有法国蔷薇（Rosa gallica）、百叶蔷薇（Rosa centifolia）、突厥蔷薇（Rosa damascena）等品种。此外，还有用花之外的部位来泡饮的品种。如用果实泡茶的野玫瑰（参考72页）。

本节介绍的是用花冲泡的药草茶，特别是用法国蔷薇中颜色艳红的品种（红玫瑰）制作的药草茶。也有用粉玫瑰、紫玫瑰制成的粉玫瑰、紫玫瑰花茶，与红玫瑰花茶的口感、功效基本相同。此外，前述这些玫瑰品种的花苞也可以用来制作药草茶。

红玫瑰花茶甜香典雅，味道温和，余味清新，能够刺激神经，心烦、想要转换心情的时候饮用，有放松身心的功效。它还能有效缓解神经性腹痛、腹泻症状，能够调节激素分泌，改善月经不调、更年期症状。

红玫瑰花缓解喉咙痛的功效显著，甚至到20世纪30年代，红玫瑰的酊剂（用酒精提取其有效成分制成的溶液）都一直被用作喉咙止痛药品，出现在医生的处方中。红玫瑰花茶可以起到一定的缓解疼痛的作用，情况严重时，可以用浓的玫瑰花茶汤含漱。

功效特点

镇静。治疗痛经、月经不调、更年期综合征。调节激素分泌。消炎。美容养颜。

其他用途

用作芳香剂。添加在化妆水中。用于料理烹饪中。浴用。

MEMO 用作药草茶的红玫瑰与园艺观赏用的不同，是接近原种的法国蔷薇类品种。

红玫瑰花可以用作入浴剂，有很好的美白功效。躺在漂满玫瑰花瓣的浴缸里，周身被典雅华贵的香气围绕，身心都能得到极度放松。

红玫瑰被誉为“花中之王”，美容养颜、抗衰老效果较好，颇受人们喜爱。

红玫瑰

学名：Rosa gallica
蔷薇科·落叶灌木
效用部位：花
栽培：全世界有很多爱好者种植红玫瑰

WILD STRAWBERRY

野草莓茶

一种与粗茶味道相似、容易入口、有调节胃肠功效的药草茶

野草莓茶的名字里虽然带『草莓』二字，却是和我们平时吃的草莓大不相同的一种药草茶。我们通常所说的草莓，是指原产于荷兰，后经过改良，适宜食用的一种水果。野草莓的果实虽也有香味，但却不是食用草莓那样的水果香味。

用野草莓的叶子做成的药草茶没有水果那股酸甜、清新的味道，类似于粗茶，有一股淡淡的草香味。野草莓茶是最容易入口的药草茶之一，几乎能和所有的药草茶一起冲泡。即使是味道比较突出、浓烈的药草茶和野草莓茶混合后冲泡，味道也会变得比较温和，容易入口。

野草莓茶有调节肠胃的功效，止泻效果好，还能够温和地调节内脏机能，缓解胃炎症状，适合在食欲不佳时饮用。同时这种茶含有丰富的矿物质，能够提高肾功能、利尿，还能够缓解风湿、关节炎、痛风等疾病症状。由于其富含铁，经常饮用能够预防贫血。

野草莓还具有美白效果。其叶子干燥后磨成粉末可与牙膏混合使用。生的野草莓果有去除牙结石和牙齿黄斑的功效。此外，野草莓果提取液还被当作具有高度美白效果的化妆水使用。

很早之前，野草莓就出现在欧洲，因其叶子和根能够治疗腹泻，茎可以治外伤，果实能够缓解胃炎和肝炎，所以当时它主要被视作珍贵的药材。虽然野草莓具有极大的药用价值，但是也要注意食用方法。如果在冬天或是

功效特点

利尿。令人放松。治疗腹泻、胃炎、风湿。增进食欲，调节消化器官功能。

其他用途

添加在果酱、点心、化妆水中。

MEMO 野草莓茶是护肝佳品，适合经常饮酒的人饮用。

腹部受冷时过多食用野草莓的话，会诱发消化不良。

野草莓又叫『欧洲草莓』，日本称『虾夷蛇莓』，最初在欧洲栽培，随后传到了亚洲北部以及北美洲。在日本，野草莓从北海道传入，并适应了当地的水土，也因此得名『虾夷蛇莓』①。

① 『虾夷』为日本北海道的古称。

野草莓多生长于阴凉开阔的林地中，株高约 30 厘米。叶子须充分干燥后方可食用。

野草莓

学名：Fragaria vesca
蔷薇科 · 多年生草本植物
效用部位：叶子、果实
栽培：种子种植或幼苗移植繁殖

药草茶
专栏
2

探访无农药有机栽培的药草茶园

三岛市位于静冈县的东部，伊豆半岛的北端。富士山脚下的三岛市不仅日照时间长、气候温暖，还有清澈的河流、丰富的绿色植物、肥沃的土壤，适合耕种。

从三岛站开车 15 分钟左右就能到达落合药草茶园了。药草茶园充分利用三岛市的地理环境优势，在一面向阳的坡地上，每年种植多达 40~50 种药草。

这里最开始种植药草是在昭和六十二年（1987 年）。

落合药草茶园的经营者坚持『对人体有益的药草上不应使用农药』的理念，于平成八年（1996

年）成立了有限公司。在这里通常允许用在农作物上的除虫菊、木酢液、铜剂等全都不使用，致力于国内有机、完全无农药栽培的高品质药草的培育。

『不使用农药栽培药草时，最重要的是如何防虫。通过防虫网，将害虫全部拦截在外。有些在温室中种植的药草，则通过调整温室内条件，使其更加接近自然生长的环境条件。』（董事长 落合正浩）

『有机、完全不使用农药的药草，味道纯正，没有因使用化学肥料、农药而产生的苦味、杂味。很多客人品尝后惊讶于它的味道竟和平日里所习惯的药草、药草茶大不相同。我希望更多的人能够了解对身体无害、能放心安全食用的真正的药草。』（专务董事 落合玉江）

位置优越
能够品尝药草美味的小店

园内开设的“桑托里奥小店”（Cafe Santorio）位置优越，从玻璃窗看出去，越过药草园能够看到富士山。在一个类似温室的空间里，可以品尝用现摘的药草做的料理和新鲜药草茶。图片是青酱意面和香草烤鸡。

从药草园眺望
世界遗产——富士山

从落合药草园眺望富士山，画面非常震撼。特别是冬天“头顶雪帽”的富士山映在清澈的天空下，格外漂亮。

虽然药草植株大多生命力顽强，但是被虫子蚕食过的药草用来销售，则不受顾客喜爱。完全无农药栽培的智慧在于通过无数次的试错，来找寻最合适的种植方式。

现在不仅药草爱好者对药草品质要求严格，餐厅、一流酒店的大厨也更加注重对药草的选择。用作新鲜药草茶的药草和餐厅烹饪时使用的药草的比例在不断上升。

落合玉江说：『想要品尝日本国产的有机、完全无农药的药草的顾客非常多，为了满足顾客的需要，我们也开通了网上订货，寄送到家的业务。但是由于我们的对手是大自然，受季节变化的影响，有时可能会出现需要等待的情况。』这就是如此与众不同的落合药草园和药草茶。如果您哪天喝到了与平时味道不同、香气更加浓郁、丝毫没有杂味的美味药草茶时，说不定它就来自落合药草园。

商店里销售落合药草园的药草茶和新鲜药草。※ 可以网络订购，详情见药草园主页。

地址：
静冈县三岛市谷田2297-348
联系电话：（+081）055-976-6061
营业时间：
9:00—17:00（周二定休）
http://www.ochiaiherb.com/

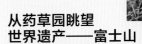

3

深入了解
其他85种
精选药草茶

第2章介绍了25种具有代表性的药草茶，
本章继续介绍其他85种精选药草茶，
为想要积累更多专业知识以及
想要认识更多有意外功效的药草茶、药草的读者
更加深入详细地介绍药草茶的世界。

ARTICHOKE

洋蓟茶

一种能让疲劳过度的人在苦味中感受到美味的“肝脏特效药”

从古希腊、古罗马时期开始，洋蓟就被用作改善肝脏和消化功能的药草。

洋蓟叶子中的洋蓟酸（Cynarin）成分有保护肝功能、降低血液中胆固醇的功效。还有防止饮酒过量导致的第二天头昏脑涨，缓解苦夏或压力大导致的食欲不振的作用。洋蓟茶是一款特别适合身心疲劳过度的人饮用的药草茶。

洋蓟茶的苦味虽然略重，但在很早之前就被人们当作药草茶来饮用，能够从它的这种苦味中感受到美味，这也恰恰证明了身体正处在疲劳中。单独泡饮，觉得比较难入口时，可以和其他药草搭配混合泡饮。搭配得好，不仅口感能够提升，功效也能更加显著。推荐搭配野草莓和胡椒薄荷混合泡饮。

食用的是圆的“整个花托”部分（左）。洋蓟的花形状像蓟（右）。

功效特点

利尿。保护肝功能。改善宿醉。改善食欲不振、糖尿病症状，预防各种生活习惯病。

其他用途

花蕾中心的整个花托部分是意大利料理、法国料理的食材。还可用于制作酊剂、药酒。

MEMO 对菊科植物过敏的人以及哺乳期的妈妈不宜饮用。

洋蓟

学名：Cynara scolymus
菊科·多年生草本植物
效用部位：叶子、头状花序
栽培：适宜生长在凉爽、日照充足、通风性好的地方

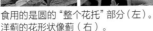

EYEBRIGHT

小米草茶

一种能够有效保持眼部健康、改善花粉症症状的药草茶

小米草是半寄生性植物，从生长在贫瘠草场或荒地的禾本科、莎草科植物的根部汲取养分生长，因此小米草很难栽培。

小米草从中世纪开始就被人们用作药草，从它的名字（eyebright，明目，眼睛明亮）也可以看出，小米草主要被用于治疗眼部疾病。夏季小米草开出的白色小花上，有黄色的花斑和红色的脉络，常被比作充血的眼睛。

眼部发痒时，用小米草提取液清洗眼睛，能够有效地缓解症状。此外，小米草能够缓解眼睛充血、发炎，眼部肌肉紧张等症状，对改善眼部疲劳效果较好。可以保持眼部健康，预防视力下降。

清爽、温和的小米草茶能够改善因过敏引起的眼部发痒、流鼻涕等症状。如果您正在受花粉症折磨，不妨试试饮用小米草茶。

功效特点

收敛。消炎。能够缓解眼部肌肉紧张、眼睛感染、过敏等症状。

其他用途

药用。

MEMO 小米草能够缓解眼部不适。

小米草

学名： Euphrasia rostkoviana

玄参科・一年生草本植物

效用部位： 叶子

栽培： 因为小米草是半寄生性植物，栽培非常困难

ALFALFA

紫花苜蓿茶

紫花苜蓿是一种被人们熟知的营养丰富的健康蔬菜

紫花苜蓿原产于地中海附近的西亚，几千年来一直被人们用作药草。它的根深入地下，吸收空气中的氮素作为生长的肥料。夏季会开出像四叶草一样的淡紫色花朵。

明治初期，它作为一种牧草被引入日本。它富含钙、镁、钾、β-胡萝卜素等，是一种健康蔬菜。阿拉伯人最先发现它的这一特性，并开始将其作为健康蔬菜广泛食用。

沙拉中食用的紫花苜蓿是嫩芽，而作为药草利用的则是嫩芽长大后的绿色的叶子。

新鲜、干燥的紫花苜蓿都可以用作药草茶的原料，紫花苜蓿茶的口感和绿茶很像，比较受日本人欢迎。紫花苜蓿中丰富的营养素有助于缓解疲劳、恢复元气。同时它还有利尿作用，能够消除身体浮肿，降低血液中的胆固醇。

紫花苜蓿还可以外用，或是泡澡时使用，能够缓解肌肉酸痛和风湿疼痛。

功效特点

缓解疲劳，恢复元气。利尿。能够改善膀胱炎、便秘症状。

其他用途

用在料理烹饪中。制作健康饮料。外用药。浴用。

MEMO 适合减肥时期用来补充营养。

紫花苜蓿

学名：Medicago sativa
豆科·多年生草本植物
效用部位：叶子
栽培：种植栽培很简单

ALOE

芦荟茶

芦荟自江户时代起就被人们认作“有了它就不需要医生”的急救药草

芦荟没有茎，叶子肥厚多肉，是一种常绿的多年生草本植物。它的食用历史很悠久，据说在公元前 4 世纪的古希腊，它就被做成果汁饮用。芦荟作为一种药草自江户时代传入日本，被人们广泛使用，人们认为『有了它就不需要医生』了。

芦荟还可用作观赏性植物，被广泛栽培。芦荟有 200 多种，比较常见的有被叫作蕃拉芦荟的巴巴多斯芦荟（Aloe barbadensis Mill.）、木立芦荟（Aloe arborescens Mill.）、开普芦荟（Aloe ferox Mill.）。

芦荟叶子中的胶质能够抑制轻微烧伤、划伤、晒伤、皮肤粗糙、蚊虫叮咬后的炎症。同时，还可以切碎后少量添加到沙拉、甜点、酸奶中生食。芦荟改善便秘的药效较强，因此要注意用量，少量食用。干燥后的芦荟叶可用来冲泡芦荟茶。

芦荟株高 90 厘米左右，每株会长出 1~2 枝花茎，花呈筒状，多为橙红色。

功效特点

外用：用于烧伤、划伤、晒伤、皮肤干裂、干燥、被蚊虫叮咬后涂抹，有消炎、镇静功效。

内服：改善便秘、消化不良。

其他用途

生食。用于药用化妆品。观赏盆栽。

MEMO 怀孕、哺乳期的人不宜饮用。

芦荟

学名：Aloe vera

百合科 · 多年生草本植物

效用部位：叶子

栽培：适合生长在温暖、阳光充足、排水性好的地方

ANGELICA

欧白芷根茶

欧白芷是一种从根到叶子有着多重功效的大型药草

欧白芷的学名在拉丁语中是『天使』的意思。据说这个名字和大天使米迦勒（Michael）有关，大天使米迦勒曾梦到过欧白芷，并被告知这种植物有预防当时正肆虐的鼠疫的功效。作为药草来说它的植株很高，约2米，叶子也较大。以前人们认为欧白芷有着神圣的力量，是一种有着广泛疗效的药草。欧白芷的叶子、茎、种子都有药用价值，根的药用价值最高，受到人们青睐。

欧白芷茶的香气会让人不禁觉得这茶很苦，但是真正尝一下，会发现其实它的味道比较温和。欧白芷茶可以缓解支气管炎症，促进血液循环，祛除体内寒气，适合在感冒时饮用。此外，欧白芷茶还可作用于子宫，缓解痛经、经前综合征等症状。因此茶的效果比较强烈，注意不要饮用过量。孕妇不宜饮用。

欧白芷的同属植物也被广泛用于医学中。白芷的根干燥后得到的『当归』是一味治疗妇科疾病的中药。

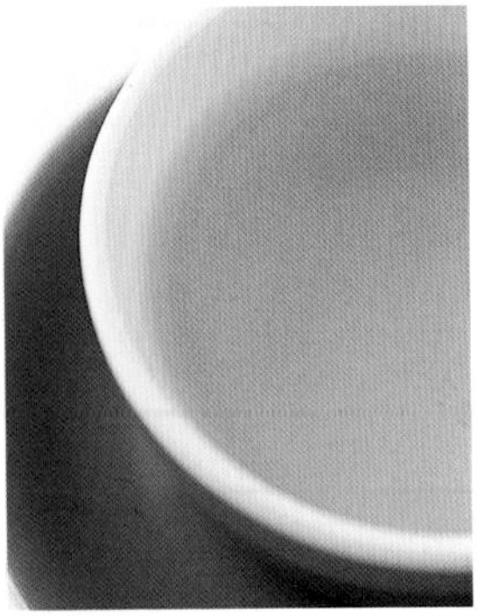

功效特点

祛除哮喘、支气管炎生出的痰。保护子宫功能。调整女性激素。

其他用途

风湿、关节炎的外用药。

MEMO

注意不要过量饮用。孕妇不宜饮用。

欧白芷

学名：Angelica archangelica

伞形科・二年生草本植物

效用部位：根

栽培：适合生长在阴凉湿润的土地上

EVENING PRIMROSE

月见草茶

月见草作为一种抗老化药草备受关注

因其到了傍晚就会开出味道与茉莉花接近的黄色小花，而被命名为『月见草』。月见草的花苞和花都可以用来做沙拉，嫩叶也可以或煮或炒着吃。叶子、根还可以和蜂蜜一起熬制止咳糖浆。

最近月见草因其种子提取的精油中富含γ-亚麻酸，而受到关注。

γ-亚麻酸是一种能够治疗特应性皮炎、风湿等过敏性疾病、PMS、更年期综合征，预防生活习惯病的成分。

与新鲜或干燥的月见草相比，直接服用精油能够使其有效成分更好地被人体吸收，发挥效用。月见草精油与野玫瑰精油混合用于护理，抗老化效果较好。

功效特点

消炎作用。调节血压。调节激素、胆固醇含量。美容养颜。改善经前综合征和更年期综合征。

其他用途

食用。外用。

MEMO 孕妇不宜大量饮用。服用抗血栓药物的人不宜饮用。

月见草

学名：Oenothera biennis

柳叶菜科・一年、二年或多年生草本植物

效用部位：叶、茎、种子

栽培：适合生长在沙性干燥的土壤中，喜阳光

ECHINACEA

紫锥菊茶

紫锥菊是一种能够提高免疫力，经科学验证的“天然抗生物质”

紫锥菊原生长于北美的草原地带，因其强大的药用功效而备受关注。现在世界各地都可以栽培种植紫锥菊。

紫锥菊药草茶带有淡淡甜香的气味，不苦也不酸，喝起来几乎没有味道，因此推荐和其他的药草混合泡饮。

紫锥菊被称为『天然抗生物质』。它强大的抗病毒、抗细菌、增强免疫力的功效已经经过科学验证。紫锥菊是感染性疾病的特效药，能够增强身体抵抗力，对各种病症的预防和治疗都有很好的效果。

患感冒和流感时饮用，能够切实感受到其使身体发热、减轻喉咙肿痛、加速感冒痊愈的效果。因为紫锥菊药效强劲，饮用过量会引起眩晕，这一点需要特别注意。

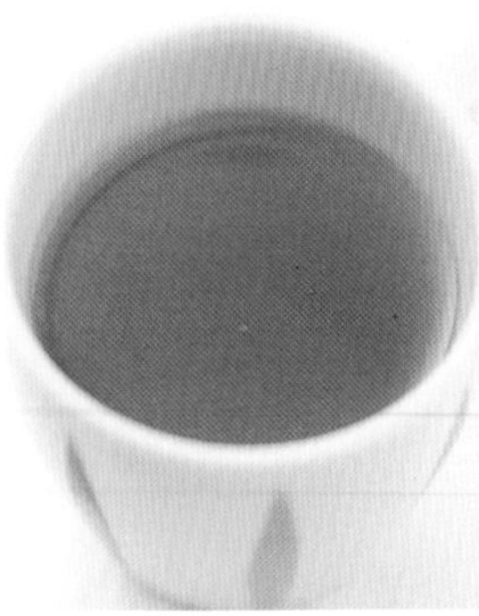

株高接近 1 米，夏季开出紫红色的花。

功效特点

提高免疫力。有抗细菌、抗病毒作用。有助于感冒、流感病人的恢复。

其他用途

健康食品。药用。

MEMO 饮用过量后会出现眩晕的症状。

紫锥菊

学名：Echinacea angustifolia

菊科・多年生草本植物

效用部位：根茎、地上部分

栽培：适合生长在富含有机质的土壤中

OATS

燕麦茶

燕麦是一种营养价值高、被人们重新认识的药草

燕麦是北欧的传统粮食，以其为原料的燕麦粥是欧美地区很受欢迎的早餐食品。在种类繁多的谷类中，燕麦作为一种高营养食品被人们重新认识。

燕麦中含有大量的膳食纤维，能够降低血液中胆固醇的含量，其中燕麦麸（燕麦皮）的效果尤其显著。燕麦能够给神经系统提供营养，因此能够缓解压力大、神经衰弱、抑郁等症状。

燕麦茶有一股淡淡的草香，味道温和，略带苦味。燕麦茶中维生素B族、维生素E、矿物质含量丰富，适合在感到疲惫或感冒时饮用。用面膜或毛巾外敷，能够改善皮肤粗糙、干燥的状况。

功效特点

降低血液中胆固醇的含量。祛寒。减压。缓解抑郁、感冒、皮肤炎、痔疮。

其他用途

谷类。熬燕麦粥。

MEMO 可用面膜或毛巾外敷，改善皮肤粗糙、干燥状况。

燕麦

学名： *Avena sativa*

禾本科 · 一年或多年生草本植物

效用部位： 全部

栽培： 日本关东以北地区

OLIVE

橄榄茶

橄榄的种植历史悠久，橄榄枝被当作和平的象征

橄榄是原产于地中海沿岸的常绿乔木，据说公元前 3000 年左右就开始在希腊种植。橄榄经常出现在神话传说中。橄榄枝被视为和平的象征，被用在联合国旗中。

橄榄叶能够降血糖、降血压，同时还含有强力抗菌、抗病毒的成分，能够用于治疗流感、疱疹。橄榄果榨取的橄榄油含有丰富的一价不饱和脂肪酸——油酸，抗氧化作用较好，是一种能够预防生活习惯病的植物油。

功效特点

叶子：抗菌、抗病毒，治疗高血糖、高血压。
种子、果实：抗氧化作用。

其他用途

食用。制作香皂、护肤品。

MEMO 孕妇不宜食用。

橄榄是一种耐旱的常绿乔木。果实为黑色或绿色。可以直接食用，也可用于制作橄榄油。

橄榄

学名：Olea europaea
木犀科・常绿乔木
效用部位：叶子、果实
栽培：适合生长在不降霜的丘陵斜坡地带

OREGANO

牛至茶

一种适合在疲惫时或饭后饮用的药草茶

牛至有一股独特的香味，是常见的烹饪调味料之一，特别是在比萨、番茄料理等意大利菜中不可或缺。干燥后的牛至去掉了青草味，甜味更浓。

牛至茶味道温和，微苦，余味清爽。虽然多少有些刺激性，但是跟胡椒薄荷相比，要温和得多。

牛至茶有强健作用，适合在疲劳时饮用。

牛至有镇静作用，能够缓解神经疲劳，改善神经性头痛症状。此外，还能够调节胃肠功能、促进消化，适合在饭后饮用。还可以缓解咳嗽、月经不调。

牛至作为调料，不仅在番茄料理中必不可少，还可和芝士、豆类搭配食用，也被用在地中海料理、墨西哥料理中。牛至也叫作野生马郁兰。

功效特点

强健、镇静、杀菌。净化血液。缓解肌肉痉挛、月经不调。

其他用途

用于料理烹饪中。浴用。

MEMO 牛至茶能够促进消化，适合饭后饮用。

株高 90 厘米左右，生长在开阔的林地或丘陵斜坡上。

牛至

学名：Origanum vulgare

唇形科・多年生草本植物

效用部位：叶子

栽培：抗寒性好，容易栽培

CARDAMON

小豆蔻茶

一种适合在食欲不振时饮用的辣味药草茶

小豆蔻是很早就被食用的香料之一，和藏红花、香草一样都是昂贵的香料的代表。在小豆蔻的原产地印度，胡椒被称为『香料之王』，小豆蔻则被称为『香料女王』，是咖喱料理中不可或缺的调味料。在北印度，小豆蔻也是料理的基础调料——混合香辛料葛拉姆马萨拉（Garam masala）中必不可少的一味香料。

小豆蔻有浓郁的香料的芳香，含有大量促进消化的成分，有增强食欲的作用。它的种子嚼食能够去除口臭，常用于饭后清新口气。

小豆蔻茶的口感与姜茶类似，有一定的刺激性，并略带甜味。小豆蔻茶清凉感强，能够促进消化，适合饭后饮用。胸闷、胃胀时可以试试饮用小豆蔻茶。泡饮时，将其剥开至能见到内部种子状态，有效成分会更容易溶出。小豆蔻适合和柠檬草以及薄荷系药草混合泡饮。

功效特点

有轻度兴奋作用。发汗。缓解感冒初期症状。

其他用途

香料。

MEMO 人们喜欢将其和咖啡混合饮用。

小豆蔻

学名： Eletteria cardamonum
姜科・多年生草本植物
效用部位： 种子
栽培： 不适合在家庭中栽培种植

GYMNEMA

武靴叶茶

一种适合减肥，尤其适合不能戒掉甜食的人饮用的药草茶

武靴叶广泛生长于东南亚的热带、亚热带地区。在印地语中武靴叶有『破坏糖』的意思。早在5000多年以前，在印度的传统疗法『阿育吠陀医学』中，就用武靴叶来治疗糖尿病。

近年来，很多人将武靴叶茶当作减肥茶饮用。

武靴叶的主要成分武靴叶酸能够抑制肠内糖分的吸收，降低血糖，可用来预防肥胖、糖尿病、生活习惯病。

武靴叶茶清新的香气与绿茶有些相似，口感温和。据说喝完武靴叶茶后，舌头上感受甜味的味觉细胞的功能会短暂性减弱，导致即使吃甜食也不会觉得特别好吃。武靴叶茶能够作用于肠和舌头，有较好的减肥效果。市面上所售的不仅有武靴叶，还有武靴叶制成的药片和糖。

功效特点

抑制糖分吸收。稳定血糖指数。预防成年型糖尿病。预防肥胖。

其他用途

营养辅助食品。

MEMO 不可大量饮用，儿童禁止饮用。

武靴叶

学名：Gymnema sylvestre

萝藦科·多年生草本植物

效用部位：叶子

栽培：不适合在家庭中栽培种植

CATNIP

猫薄荷茶

一种有多重功效、带有淡淡薄荷口感、容易入口的药草茶

猫薄荷的根和叶子有薄荷的香气，因为猫特别喜欢这种气味，所以这种薄荷被叫作猫薄荷。猫会循着气味靠近，所以它有驱赶老鼠的功效。猫薄荷药草茶也很受人们喜爱，早在古罗马时代人们就开始饮用猫薄荷茶。有些国家在中国的茶叶普及之前，一直把它当作日常茶饮。

猫薄荷茶的口感像更加清淡的薄荷茶。清爽感比薄荷茶稍差，相对也更容易入口，适合和其他药草混合泡饮。猫薄荷茶有多重功效，能够促进发汗，有清热、镇静、促进消化的作用。同时还能够缓解喉咙疼痛，适合在感冒时饮用。

猫薄荷在传入日本时，人们误把它的名字叫成了『狗薄荷』，所以现在它的日文名仍是『狗薄荷』。

功效特点

发汗。改善感冒、流感的症状。镇静。促进消化。

其他用途

药用。

MEMO 孕妇和儿童禁止饮用。

猫薄荷在日本也叫狗薄荷，除了作为茶饮，还可以装入布袋里做成猫的玩具。

猫薄荷

学名：Nepeta cataria

唇形科・多年生草本植物

效用部位：叶子

栽培：抗寒性好，栽培简单

GINKGO

银杏茶

银杏是历史上非常珍贵的药草，能够使血液循环更加顺畅

银杏是一种有着2亿年以上历史的药草，现在除了亚洲的一些寺院里，几乎见不到野生的银杏了。

银杏的寿命很长，可达4000年。数千年前，中国就开始用银杏治疗咳嗽和哮喘。它长时间服用也没有副作用，十分受欢迎。

银杏茶略带药草香气，口感温和，能够缓解过敏症状。银杏中含有能够促进血液循环、抗毛细血管氧化、扩张血管、增加血流量的有效成分，能够预防多种疾病。此外，近些年，银杏作为一种能够预防和改善阿尔茨海默病、记忆衰退的药草，再次受到关注。银杏对改善眩晕、耳鸣、抑郁等症状效果显著。

银杏在德国属于药品类，在日本则属于健康食品类。

功效特点

止咳、平喘。抗氧化。刺激循环系统。改善循环系统疾病、静脉瘤、心律不齐病症。预防和改善阿尔茨海默病、眩晕、耳鸣。提升注意力。

其他用途

药用。

MEMO 对银杏制剂过敏的人禁止饮用。

银杏

学名：Ginkgo biloba

银杏科 · 落叶乔木

效用部位：叶子

栽培：不适合家庭栽培，常作为道路两旁的绿化树

CRANBERRY

蔓越莓茶

一种富含花青素、抗氧化效果显著的药草茶

蔓越莓是生长于欧洲、北美寒冷地区的杜鹃花科灌木。它红色的果实自古以来就被用作治疗膀胱炎、泌尿系感染、尿路结石的药品。蔓越莓最大的消费国——美国的药典中也称它是治疗泌尿系统疾病最有效的药草。这是因为蔓越莓的有效成分（奎尼酸、柠檬酸、维生素C等）能够防止细菌附着在膀胱壁上，促使其与尿液一起排出体外。

蔓越莓还富含花青素，能够缓解疲劳、视力模糊等症状，有较强的抗氧化作用。市面上销售的蔓越莓果汁中普遍添加了糖分，卡路里较高，注意不要饮用过量。

冲泡蔓越莓茶时，一定要充分闷泡，使其有效成分充分溶出。蔓越莓茶味道酸甜，口感温和。蔓越莓红色果实做成的果酱、果冻作为一种装饰，是庆祝感恩节时必备的美食。

功效特点

防治膀胱炎、尿道炎、尿路结石等。抗氧化。杀菌。治疗维生素C缺乏症。

其他用途

制作果汁、营养辅助食品。

MEMO 泌尿系统感染患者饮用前须和医生商量。

蔓越莓

学名：Vaccinium macrocarpon

杜鹃花科・常绿灌木

效用部位：果实

栽培：种植比较简单，但是不容易开花结果。适合在寒冷的地方栽培

CLOVE

丁香茶

一种能够缓解恶心呕吐、反胃症状的药草茶

丁香是价格比较昂贵、颇受人们喜爱的一种香料，多种植在热带沿岸地区。丁香的形状很有特点，像钉子。将丁香插入橘皮中制成的刺猬状的室内香熏物被叫作香盒（pomander），是西方传统的芳香剂。丁香的渗出液可涂抹于牙痛处，对缓解牙痛效果较好。

丁香茶有香料独有的香气，夹着丝丝甜意，略带药草苦味。如果您觉得丁香茶不容易入口的话，可以和其他甜味较重的药草混合泡饮。

丁香促进消化、抑制恶心呕吐的效果显著，适合在暴饮暴食后、反胃时饮用。此外，丁香还有镇痛、杀菌作用，喝丁香茶也能缓解牙痛。

功效特点

缓解牙痛、胃痛。抑制恶心呕吐。改善食欲不振、消化不良症状。暖胃。杀菌。除臭。

其他用途

制作香料、杀虫剂。消毒。

MEMO 丁香花茶能够防晕车。

株高可达 20 米。摘取丁香开花前的花蕾，干燥后就可以用来冲泡丁香花茶了。

丁香

学名：Syzygium aromaticum
桃金娘科・常绿乔木
效用部位：花蕾
栽培：不适合家庭栽培

CORNFLOWER

矢车菊茶

一种有名的能治疗伤口、消除疲劳、改善口腔溃疡的外用药

矢车菊的叶子细长，表面有一层柔软的小毛覆盖，初夏开出淡蓝色的花。矢车菊历史悠久，在伊朗，从约6万多年前尼安德特人的墓里发现了矢车菊花粉化石，据推测应该是埋葬时献上的供品。矢车菊的属名『Centaurea』来源于希腊神话中出现的半人半马的怪物肯陶洛斯（Centaurs），据说他用矢车菊治好了伤口。

矢车菊能够收缩黏膜血管和组织，自古以来就被用于此类症状治疗。近年来，作为外用药，矢车菊还被用于缓解眼睛疲劳、改善结膜炎的眼部清洗液，以及预防口腔溃疡的漱口水。矢车菊花的提取液可以用在洗发水和护发素中。鲜花则可用在沙拉、甜点中。通常和红茶混合泡饮。

功效特点

伤口治疗。缓解眼睛疲劳，改善结膜炎。

其他用途

用作漱口水。食用。

MEMO 矢车菊中提取的蓝色颜料可用在墨水和药品中。

矢车菊的花干燥后也几乎不会褪色，适合用在室内香熏瓶中。

矢车菊

学名：Centaurea cyanus

菊科・一年或二年生草本植物

效用部位：花

栽培：适合生长在日照充足、土壤肥沃的地方

GOTU KOLA

雷公根茶

一种能够促进血液流动、活化脑功能的药草茶

雷公根原产于印度，在当地的传统医学『阿育吠陀医学』中有关于雷公根的记载。在东亚，雷公根也被认作长寿药草。中国在公元前就开始使用雷公根了。

雷公根的药效非常广泛，在西方，其放松神经、增强免疫力、提升记忆力的功效受到青睐，常被叫作『积雪草』。

最新研究表明，雷公根茶有利尿、缓下、解毒作用，能够促进血液流动，可用于治疗血管疾病、高血压、肝脏疾病等。同时还能缓解感冒发烧引起的瘀血（瘀青）症状。

带有清新草香气的雷公根茶口感温和，容易入口。过量饮用可能会引起头疼、眩晕等症状。孕妇不宜饮用。

功效特点

利尿、解毒、消炎。增强免疫力。缓下。调节神经系统平衡。祛痰。提升记忆力。

其他用途

药用。

MEMO 注意不要饮用过量。孕妇不宜饮用。

株高约55厘米。叶子呈扇形，开白色小花。根从茎节中长出向外伸展。

雷公根

学名： Centella asiatica
伞形科 · 多年生草本植物
效用部位： 叶
栽培： 适合生长在湿润的草地里

SUMMER SAVORY

夏季香薄荷茶

一种香气馥郁清新、适合饭后饮用的药草茶

夏季香薄荷初夏时会开出白中带粉的花，它的特点是有馥郁清新香气和类似薄荷的刺激性口感。

夏季香薄荷自罗马时代就开始被人们利用，16世纪以后开始在欧洲被广泛利用。

夏季香薄荷芳香馥郁，可用于制作沙拉调味汁、酱料、西洋醋等调料。同时也是普罗旺斯料理混合调味料中的一味。在法国、德国、瑞典，人们称夏季香薄荷为『豆草』，是沙拉、炖煮等所有豆制品菜肴的辅料。

香味清新、刺激的夏季香薄荷茶能够促进消化，减少肠内胀气，是减肥的好帮手。余味清新，适合饭后饮用。孕妇不宜大量饮用。

与夏季香薄荷亲缘关系较近的还有冬季香薄荷，多用于内脏料理和芝士类料理中。

功效特点

促进消化。抑制肠内胀气。减肥。

其他用途

料理烹饪。

MEMO

孕妇不宜大量饮用。

夏季香薄荷

学名：Satureja hortensis

唇形科 · 一年生草本植物

效用部位：叶子

栽培：适合生长于稍微贫瘠的土壤中

CINNAMON

锡兰肉桂茶

一种有着点心甜香风味、能够使身体逐渐变暖的药草茶

锡兰肉桂是樟科常绿乔木，它的树皮干燥后得到的锡兰肉桂茶原料，自古以来就在世界各地被广泛利用。锡兰肉桂原产于斯里兰卡，15、16世纪的大航海时代，它是探险家们竞相争取的香料之一。

与锡兰肉桂很相似的还有肉桂（Cinnamomum cassia），原产于中国，因此也被叫作中国肉桂。肉桂的历史很悠久，甚至在《圣经》中都能找到它的影子。中医药中的桂皮，就是这种肉桂的树皮。

用作药草茶原料的锡兰肉桂皮与中药中的桂皮并没有一个严格的划分。在很多国家并没有对它们做出区分，例如在日本就统称为肉桂。

锡兰肉桂有祛寒、暖身的功效，同时还能够帮助消化，调节胃肠功能，缓解腹泻、腹痛等症状，适合在肚子不舒服时饮用。特别是腹部受凉时，饮一杯锡兰肉桂茶，身体会感觉轻松很多。

锡兰肉桂还有使子宫强烈收缩的作用，孕妇不宜大量食用。

功效特点

杀菌效果好。可缓解恶心呕吐感，有利于体内废气排出。能够降血压，改善感冒初期症状。

其他用途

用在点心、饮料中。

MEMO

孕妇不宜大量食用。

锡兰肉桂

学名：Cinnamomum verum
（C.zeylanicum）

樟科・常绿乔木

效用部位：树皮

栽培：不适合在家庭中栽培

SIBERIAN GINSENG

西伯利亚人参茶

一种宇航员用来增强体能、无香无味的药草茶

西伯利亚人参根部含有甙类成分，其药用价值受到人们广泛关注。中国曾在2000多年间，一直将西伯利亚人参用作养『气』生药。它不仅能够缓解身心压力，还能提升抗压能力。因其具有增强运动能力、提升注意力的功效，在俄罗斯被用作运动员、宇航员增强体能的饮料。

西伯利亚人参有较好的强壮、醒脑作用，能够增强体力。切尔诺贝利核事故发生后，被用来治疗放射性疾病。

西伯利亚人参茶没有香气和味道，和薄荷类药草混合后泡饮，更易入口。

西伯利亚人参茶能调节胆固醇和血压，有预防疾病的作用。还能抑制感染性疾病的相关症状，适合在感冒时饮用。和具有相同功效的东洋人参（药用人参）相比，西伯利亚人参更容易入口，且几乎没有副作用。

功效特点

缓解身心压力。治疗支气管炎、感染症、失眠。

其他用途

药用。

MEMO

几乎没有副作用。

西伯利亚人参

学名：Eleutherococcus senticosus

五加科・落叶灌木

效用部位：根

栽培：抗寒性好，在贫瘠的土壤中也能生长

JASMINE

素方花茶

一种能够安神、有花香口感的药草茶

素方花是原产于东南亚的灌木，夏秋季节会开出可爱的白色小花。开花一般是从凌晨2点左右开始的，有一种非常神秘的气氛，香气甜香高贵，被称作『黑夜女王』。素方花精油非常昂贵，1千克花瓣中只能提取20滴（1毫升）左右的精油。素方花（Jasminum officinale）和中国常见的茉莉花茶（Jasminum sambac）是不同种类。

素方花茶不像茉莉花茶那么普遍，有温和的镇静作用和促进脂质消化的作用。花香口感的素方花茶适合和红茶、乌龙茶等搭配饮用。开黄花的常绿钩吻藤（Gelsemium sempervirens）外观和素方花相似，有毒性，不可饮用，注意不要误食。

功效特点

放松、镇静、抗抑郁。促进消化。

其他用途

精油护理。甜点调味料。

MEMO 精油护理不可用于孕妇。

素方花

学名：Jasminum officinale
木犀科・半耐寒性常绿攀缘植物
效用部位：花
栽培：适合生长在日照充足的地方

JUNIPER

杜松子茶

一种有利于排出体内多余水分和毒素、香味浓郁的药草茶

杜松子是一种广泛分布在欧洲、北美等地的乔木。它的绿色球果2~3年成熟后变为蓝黑色，从中可以提炼精油、染料。16世纪初，人们看中杜松子球果的利尿作用开始用它来酿造药酒。因为其有类似于松脂的独特香气，很受人们喜爱。随后杜松子酒作为一种烈性酒被传至世界各地。这就是杜松子酒的起源。作为菜肴的调味料，杜松子能够去除肉类的腥味，还被用在西式甜点中。

杜松子茶浓郁的香气中飘着淡淡的甜香，余味清新。

杜松子有很好的利尿、解毒作用，有利于排出体内多余的水分和毒素，可以治疗痛风、风湿。这些功效自古以来就为人们所熟知。孕妇和肾病患者请不要食用。

熏肉时有时会用到杜松子的叶子或枝条。曾经法国医院通过焚烧杜松子的叶子或枝条来净化空气。

功效特点

利尿、解毒。防止脂肪堆积。消毒、促进消化。缓解痤疮、痛风、风湿、尿道炎、膀胱炎症状。

其他用途

菜肴调味料。染料。

MEMO 孕妇和肾病患者禁用。

杜松子

学名：Juniperus communis

柏科·常绿乔木

效用部位：球果

栽培：扦插繁殖，可在庭院中种植

GINGER

姜茶

姜是自古以来为人们所熟知的草药的代表

日本自古以来就有感冒时喝姜汤的习俗。西方国家则是喝姜汁饮料。姜具有祛寒、发汗、促进消化的作用，有助于缓解感冒症状。

香辣口感的姜有很好的缓解孕吐的功效。恶心的时候饮一杯姜茶，能够帮助消化，缓解恶心症状。姜茶的功效比较温和，特别适合用于缓解孕吐。但是，患有消化性溃疡时不宜大量饮用。

在亚洲，姜作为香辛料被广泛地应用到料理中，且多使用的是新鲜的姜。而在欧洲，多数情况下人们习惯将干燥后的姜添加到面包、点心中食用。

功效特点

促进消化。缓解腹痛、孕吐、感冒症状。杀菌。

其他用途

调味料。

MEMO

患有消化性溃疡时不宜大量饮用。孕吐严重时不宜饮用。患有结石的病人饮用前需要咨询医生。

株高约为 1.5 米。生长在低地的热带雨林、亚洲的热带地区。

姜

学名：Zingiber officinale

姜科・多年生草本植物

效用部位：根

栽培：不适合生长在干燥的土壤中

SKULLCAP

美黄芩茶

一种能够强壮神经、缓解神经疲劳的药草茶

美黄芩干燥的花萼的形状和神职者戴的没有帽檐的帽子（skullcap）很像，因此它的英文名字为『Skullcap』。美黄芩原产于北美洲的弗吉尼亚地区，也被叫作弗吉尼亚黄芩。

美洲的原住民将美黄芩用于治疗狂犬病，在欧洲美黄芩的使用历史相对较短。美黄芩能够改善痉挛，缓解癔症发作时的症状，以及酒精依赖症患者戒酒时的症状。此外，还能改善因神经紧张引起的失眠。

美黄芩茶香气温和，味道略苦，能够作用于神经，使人放松，适合在神经紧张、失眠时饮用。

和美黄芩亲缘很近的贝加尔湖黄芩（学名Scutellaria baicalensis）的根在中国叫作『黄芩』，能够降血压，祛除燥热。

功效特点

镇静。治疗失眠，缓解痛经、压力引起的肌肉紧张。

其他用途

药用。

MEMO 注意不要饮用过量，孕妇禁用。

美黄芩

学名：Scutellaria lateriflora

唇形科·多年生草本植物

效用部位：叶子、茎

栽培：适合生长在湿润的森林中

STAR ANISE

八角茶

一种有清肠、调节肠道功能的亚洲香辛料茶

八角是中华料理中具有代表性的香辛料，同时也是中药的一种。它带有刺激性的甜香气味，和茴香（参照48页）相似，也被叫作『大茴香』。

八角原产于中国南部和越南，是一种常绿阔叶树，树龄达到6年以上才开始结果。八角原是东南亚特有的香辛料，16世纪传到欧洲，因其果实的形状很像星星，香气和药草茴芹（Anise）类似，所以英文名字是『Star anise』。

八角茶以磨碎的八角为原料，不仅有独特的香辛料气味，味道也是甜苦相宜，风味很是独特。将八角粉末加到咖啡中，能够提升咖啡的香气，使口感更加鲜明。

八角茶有祛寒、改善消化系统和呼吸系统的功效，适合在受寒引起的感冒初始阶段、腹痛、恶心想吐时饮用。此外，八角的杀菌作用和促进母乳分泌的功效自古以来也被人们活用。它的形状和香气都很有特色，也被用在室内香熏瓶中。

功效特点

促进消化。缓解恶心呕吐、腹痛。改善咳嗽、感冒等症状。促进母乳分泌。杀菌。

其他用途

香辛料。

MEMO 叶子有毒，需要多加注意。

八角

学名：Illicium verum

木兰科・常绿乔木

效用部位：种子、袋果

栽培：不适合在家庭种植

STEVIA

甜叶菊茶

一种非常适合减肥时饮用、可提升甜味的药草茶

古代拉丁美洲的原住民用甜叶菊作为甜味剂，特别是将其用作马黛（mate）茶的甜味剂。甜叶菊的叶子中含有一种叫『甜菊素』的物质，它的甜度为砂糖的200~300倍。甜叶菊的卡路里非常低，对人体的影响也很小，是受人们关注的天然植物性甜味剂。

1970年国际糖尿病学会将甜叶菊认定为能够预防糖尿病的药草。同一时期，甜叶菊也被引入日本。甜叶菊茶很甜，适合少量添加在其他药草茶中，作为甜味剂使用。想要预防糖尿病和减肥的人，如果能在日常饮食生活中合理使用甜叶菊，会有比较理想的效果。

甜叶菊畏寒，在冬季或是其他寒冷的地方种植时，需要在其根部盖上腐叶土，或者直接将其移到温暖的环境中。

甜叶菊的甜度非常惊人。新鲜和干燥的甜叶菊均可用作甜味剂。

功效特点

卡路里含量低，甜味强，适合糖尿病患者、减肥者食用。

其他用途

新鲜和干燥的甜叶菊均可作为饮品、菜肴的甜味剂。精制提炼的甜叶菊结晶还可以作为糖尿病食品、减肥食品的甜味剂。也可制作糖浆。

MEMO

甜叶菊在某些国家属于受管制使用品。日本允许使用。对菊科植物过敏的人慎用。

甜叶菊

学名：Stevia rebaudiana

菊科・多年生草本植物

效用部位：叶子

栽培：适合生长在日照充足、排水性好的地方。盆栽种植时冬季需要移入室内

SLIPPERY ELM

红榆茶

红榆是一种内服外用皆可、美洲原住民日常使用的药草

红榆是乔木榆树的一种，原产于北美。当地原住民将其充分利用，内服外用皆可。

红榆的树皮中含有丰富的黏液质膳食纤维，能够分解毒素，起到润滑肠道的作用，可以保护细胞膜内膜，缓解喉咙及食道、胃、肠等消化器官的炎症。此外，红榆的排毒效果显著，是一种能够增强身体抵抗力的药草。有利于患病期间以及治愈后的身体恢复。红榆中各种维生素、蛋白质、硒、铁等矿物质也很丰富。

红榆有镇静作用，可以缓解过敏性肠炎。粉末状的红榆内皮和少量的肉桂、肉豆蔻粉末一起混合后，就成了一款温和的滋补强壮补品。红榆粉末既可以泡茶，也可以制成煎剂（煎炒后制成药汤）。泡茶时加入牛奶口感更佳。此外，粉末还可外敷，能够缓解炎症，促进皮肤再生。

功效特点

解毒。镇静、抗炎症，能够缓解喉咙、食道及胃、肠等消化器官的炎症。滋补强壮。

其他用途

内服：可用于制作粉末、煎剂、药酒、润喉糖、营养辅助食品。

外用：可外敷，制作软膏、漱口水。治疗脓肿。

MEMO

某些国家红榆树皮属于管制使用品。

红榆

学名：Ulmus rubra

榆科・常绿乔木

效用部位：树皮（内皮）

栽培：适合生长在日照充足、土壤肥沃的地方

SERPYLLUM

红花百里香茶

一种味道和功效类似于百里香、口感更加圆润的药草茶

红花百里香和百里香（参考119页）是同种植物，也被叫作野生百里香。日本本土生长的百里香也是近缘种，日本称红花百里香为西洋种百里香。

红花百里香的株高仅有10厘米左右，是一种爬地横向生长的灌木。间隔20厘米左右种植树苗，长成后会变成没有缝隙的地毯。初夏会开出粉色或淡紫色的花朵。

红花百里香和百里香一样能够作用于呼吸系统、消化系统。红花百里香的叶子有淡淡的香气，泡茶饮用能够消除咳嗽、喉咙有痰、腹胀时的不适感。红花百里香茶有镇静作用，适合睡前饮用。

红花百里香茶香气清新并带有辛辣味，和百里香茶相比刺激感较弱，容易入口，和薄荷系、柠檬系的药草混合后泡饮，口感更加圆润，容易入口。红花百里香茶还能消除过敏、花粉症带来的不适感。

功效特点

促进消化，减少肠内胀气。杀菌、镇静，能够改善流感、咽喉炎、过敏症状。

其他用途

香味调料。药用。

MEMO 外用能够改善皮肤肿胀。避免长期使用。

红花百里香

学名： Thymus serpyllum
唇形科・灌木
效用部位： 叶子
栽培： 适合生长在日照充足的碱性土壤中

CELERY

芹菜籽茶

一种带有熟悉的蔬菜口感、利尿、促消化功效显著的药草茶

芹菜的英文名字除了『Celery』外，还有『Smallage』，可以用来做汤、沙拉、炒菜等各式各样的菜肴，它的种子和果实还被用作香辛料。

芹菜的使用历史很长，自古以来就被用作药草，在埃及法老图坦卡蒙的墓地中也发现了芹菜。17世纪前后，芹菜在意大利被改良为蔬菜，随后传到整个欧洲大陆、美洲大陆。

芹菜的根和叶子均有一定的药用功效，但最常用来入药的是种子。它的种子有很强的利尿作用，能够清洁肾脏，促进消化。

芹菜籽茶的口感和芹菜很像，口感圆润，容易入口。肚子不舒服、身体浮肿时饮用，能够有效缓解相关症状。此外，它还能够缓解风湿、痛风引起的疼痛。它有较强的滋补作用，适合疲劳时饮用。需要注意的是，芹菜籽茶能够刺激子宫，孕妇不宜大量饮用。

功效特点

利尿。镇静。解毒。增强食欲。改善消化不良。缓解关节炎、风湿、痛风、感冒症状。调节月经。

其他用途

制作料理、饮料。

MEMO 孕妇不宜大量饮用。

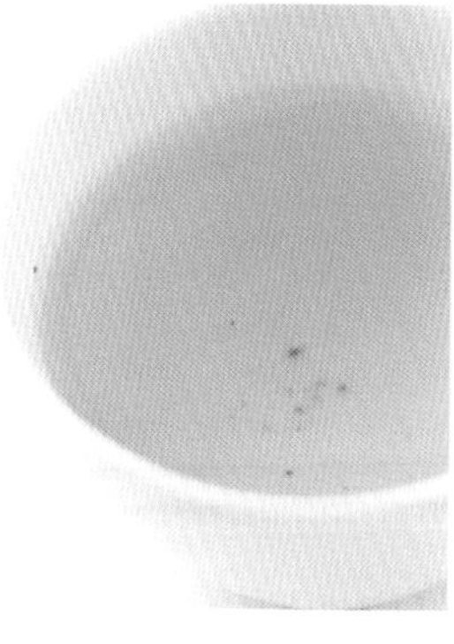

芹菜

学名： Apium graveolens

伞形科 · 二年生草本植物

效用部位： 种子

栽培： 适合栽培种植在沼泽地带

ST. JOHN'S WORT

圣约翰草茶

一种即使在难以入眠的热带夜晚也有消暑功效的快乐药草

圣约翰草是多年生草本植物，富含丹宁、金丝桃素、黄酮类化合物，在日本也有很多野生的圣约翰草（日文名叫西洋藤黄）。圣约翰草茶香气柔和清香，给人以爽快感，口感温和，味道醇美。茶中加入些蜂蜜等甜味剂，口感更佳。

圣约翰草色素中的成分金丝桃素，有增加睡眠激素褪黑色素的功效，可以改善失眠、抑郁症状，消除精神压力。欧洲人认为，人如果从不安、焦虑中解脱出来，自然而然就会变得更加积极乐观，因此称圣约翰草为『快乐药草』。它即使被制成冰镇药草茶，也不会对其功效产生太大影响，适合在难以入睡的苦夏之夜饮用。圣约翰草和其他药草一起使用时，可能会对其药效产生影响，服用前请咨询医生或药剂师。

功效特点

消炎、收敛、祛痰。抗病毒。缓解痛经、更年期障碍症状。镇静。

其他用途

药用。制作营养辅助食品。外敷，制作精油、药酒。

MEMO

圣约翰草和其他药草一起使用时，可能会对其药效有增强或减弱的影响。涂抹圣约翰草精油后，不要立即暴露在紫外线下。

圣约翰草的株高约为 110 厘米。夏季开出带有柠檬香气的黄色花朵。

圣约翰草

学名： Hypericum perforatum

藤黄科・多年生草本植物

效用部位： 包括花的所有地上部分

栽培： 适合栽培种植在沼泽地带

SAW PALMETTO

锯棕榈茶

一种受高龄男性喜爱的健康药草茶

锯棕榈是原产于北美地区的野生棕榈科常绿灌木，因叶子的形状为锯齿状而得名。在欧洲，自古以来被用作媚药、强壮剂。

锯棕榈能够缓解因感冒、支气管炎引起的咳嗽症状，近年来因其有缓解前列腺肿大引起的尿频的功效，而受到关注。在欧洲，锯棕榈被用作治疗药；在日本，锯棕榈制成的健康食品和健康辅助食品在药店也有销售。这与受前列腺肿大折磨以及想要预防的人增多有很大关系。锯棕榈不仅能够调节男女性激素平衡，镇静神经，缓解紧张、不安等情绪，还有改善女性月经不调，增强生殖器官功能，缓解痛经等作用。

锯棕榈茶有发酵的香气，但几乎没有味道，可以根据个人口味，与其他药草茶混合泡饮。

功效特点

缓解支气管炎、止咳。缓解哮喘、膀胱炎、前列腺肿大导致的尿频症状。有利尿、杀菌、镇静作用。

其他用途

药用，制作营养辅助食品。

MEMO 出现排尿时疼痛、尿血、前列腺肿大等症状时需要去医院诊断。

锯棕榈

学名：Serenoa repens

棕榈科・常绿灌木

效用部位：果实

栽培：适合栽培种植在沼泽地带

药草茶专栏 3

很多药草虽是同种植物却有不同名称

炖煮类美食以及西式泡菜中经常使用的调味剂『月桂树皮』，在日语中就有『ローリエ』『ローレル』『ベイリーフ』『月桂樹の葉』等不同名称。在日语中，像这种同种却有不同叫法的植物有很多。香菜也是一个例子，在日语里香菜的叫法有『コリアンダ』『パクチー』『香菜』。

这里介绍一些由于各国拼写或发音不同而『同种别名』的药草。如果能够把这些别名记住，在店里找寻药草茶，以及查询药草相关词典时会很方便。

中文译名	日文原名
紫花苜蓿	**アルファルファ**、ムラサキウマゴヤシ
月见草	**イブニングプリムローズ**、ツキミソウ（月見草）
牛至	**オレガノ**、ワイルドマジョラム
银杏	**ギンコ**、イチョウ（銀杏）
丁香	**クローブ**、チョウジ（丁子）
雷公根	**ゴツコーラ**、センテラ、ツボクサ
锡兰肉桂	**シナモン**、ケイヒ（桂皮）、ニッキ、セイロンニッケイ
德国洋甘菊	**ジャーマンカモミール**、カミツレ
八角	**スターアニス**、八角、ダイウイキョウ（大茴香）
红花百里香	**セルピウム**、ワイルドタイム、クリーピングタイム
圣约翰草	セントジョーンズワート、セイヨウオトギリソウ
锯棕榈	**ソーパルメット**、ノコギリヤシ
姜黄	**ターメリック**、ウコン
龙蒿	**タラゴン**、エストラゴン

● **注**

日文原名中加粗的字体为原书中使用的名称，未加粗的字体为别名。

西洋蒲公英	**ダンディライオン**、セイヨウタンポポ
圣洁莓	**チェストツリー**、セイヨウニンジンボク、ビテックス
细香葱	**チャイブ**、シブレット、エゾネギ
细叶芹	**チャービル**、セルフィーユ
荨麻	**ネトル**、セイヨウイラクサ
洛神花	**ハイビスカス**、ローゼル
西番莲	**パッションフラワー**、トケイソウ
罗勒	**バジル**、バジリコ、メボウキ、スイートバジル
牛蒡	**バードック**、ゴボウ
帚石楠	**ヒース**、エリカ、ヘザー
野甘菊	**フィーバーフュー**、ナツシロギク
茴香	**フェンネル**、ウイキョウ
马尾草	**ホーステール**、スギナ
山楂	**ホーソン**、セイヨウサンザシ
金盏菊	**マリーゴールド**、カレンデュラ
桑叶	**マルベリー**、クワ（桑）
奶蓟草	**ミルクシスル**、オオアザミ、マリアアザミ
旋果蚊子草	**メドウスイート**、セイヨウナツユキソウ
草木樨	**メリロート**、スイートクローバー、メリロット
欧蓍草	**ヤロウ**、セイヨウノコギリソウ
甘草	**リコリス**、カンゾウ（甘草）
菩提	**リンデン**、セイヨウシナノキ
红车轴草	**レッドクローバー**、ムラサキツメクサ
柠檬马鞭草	**レモンバーベナ**、ベルベーヌ、コウスイボク（香水木）
柠檬香蜂草	**レモンバーム**、メリッサ
野玫瑰果	**ローズヒップ**、ドッグローズ

TURMERIC

姜黄茶

一种适合在疲劳、压力大时饮用的辛辣味药草茶

姜黄的根和生姜很像，具有独特的气味。姜黄历史悠久，早在公元前9世纪，印度就开始栽培，是一种在印度、东南亚地区非常流行的药草。

姜黄茶有助于改善肝功能，以及改善消化系统、循环系统，受到人们特别是中老年人的喜爱。

姜黄有抗氧化、防止血栓、降低胆固醇指数的作用，能够预防脂质异常、动脉硬化、糖尿病。

姜黄茶的原料是煎炒过的姜黄根粉末，如果觉得气味很冲，可以和其他药草混合泡饮。

功效特点

内服：增强肝功能，降低胆固醇指数。预防老年痴呆、贫血。健胃。

外用：治疗湿疹、脚气、痔疮、关节炎。

其他用途

食品着色剂。香辛料。湿敷。

MEMO 还可用作染料。

姜黄的根干燥后磨成粉使用，是咖喱粉中不可缺少的香辛料。

姜黄

学名：Curcuma longa

姜科·多年生草本植物

效用部位：根

栽培：适合生长在高温多湿、土壤肥沃的地方

THYME

百里香茶

一种能够消臭、杀菌、缓解喉咙疼痛的药草茶

百里香品种繁多，最常见的是普通百里香（Commonthyme）和庭院百里香（Gardenthyme）。

百里香自古以来就和人们的生活有着密切的联系。在古希腊，百里香是勇气和气度的象征，对勇士的最高赞美之词是『有着百里香的气味』。

喉咙疼痛时，推荐饮用百里香茶。它有杀菌、祛痰的功效，能够缓解感冒和花粉症的相关症状，还能够减轻神经性头痛、神经痛。需要注意的是，百里香茶能够刺激子宫，孕妇不宜大量饮用。

百里香加热后香气能够长时间维持，因此作为香辛料被广泛使用，还是法国料理中一种常见的混合调味香料（法语名：Bouquet garni）的原料。此外，百里香还有很强的消臭作用，能够预防口臭。

功效特点

缓解头痛、神经痛、腹痛。可用作祛痰剂、漱口药。抗菌，做成精油治疗脚气效果较好。

其他用途

制作料理、室内香熏瓶、标本。沐浴。

MEMO 百里香精油能够治疗脚气。孕妇不宜大量饮用。

百里香是常绿多年生草本植物，较大的植株可达 40 厘米左右。

百里香

学名：Thymus vulgaris

唇形科・多年生草本植物

效用部位：叶子

栽培：4~5 年后需要重新种植

CHASTE TREE

圣洁莓茶

一种自古以来就受欧洲女性喜爱的药草茶

圣洁莓是人们熟知的能够调节女性激素水平的药草，也曾被用于抑制男性性欲过度。据说当人们进入意大利的修道院时会被撒圣洁莓的花朵。在欧洲它也被当作牡荆的一种，自古以来就颇受人们喜爱。现在圣洁莓被广泛种植于世界各地。在19世纪的美国，圣洁莓不仅被用作通经药，还被用作催乳药。明治后期圣洁莓传入日本，日文名叫『西洋人参木』。

用其干燥的果实制成的圣洁莓茶，略带苦味，和其他药草混合泡饮，或是加入些蜂蜜，增加甜味后会更容易入口。

圣洁莓茶主要用来改善各种妇科疾病，如月经前后综合征、痛经等症状，缓解更年期障碍症状。哺乳期饮用有利于乳汁排出。此外还有助于抑制感冒引起的咳嗽，改善细菌性腹泻。

功效特点

调节女性激素水平。缓解感冒引起的咳嗽。改善细菌性腹泻。缓解痛经、月经前后综合征、发烧、更年期障碍等症状。

其他用途

药用。

MEMO 儿童禁用，孕妇不宜饮用。

圣洁莓

学名：Vitex agnus-castus

马鞭草科・落叶灌木

效用部位：果实

栽培：常用作街道两旁的绿化树，不适合在家庭种植

CHICORY

菊苣茶

菊苣是很受欢迎的沙拉蔬菜，根部有多重功效

菊苣的英文名除了『Chicory』外，还有『Endive』，是一种有着独特香气、略苦的沙拉蔬菜，野生于欧洲、西亚、北美等地，古希腊和古罗马时代被改良为食用蔬菜。近年来，日本也开始流行，在超市里也能看到菊苣了。它的外观看上去和娃娃菜有些相似。

烘烤后的菊苣根香气浓郁、略带苦味，与淡咖啡的口感相近。和西洋蒲公英（参照40页）类似，煎炒后口感更加接近咖啡，因此能够使咖啡的口感更加柔和，自古以来就被用来和咖啡混合饮用。菊苣茶有利尿作用，能够排出体内的尿酸，缓解浮肿、痛风、风湿症状。还能够降低血糖指数，用于改善生活习惯病，治疗支气管炎、贫血。

功效特点

消炎、缓下。促进消化，提高肝功能。抗菌作用。净化血液、利尿作用。治疗支气管炎、贫血。

其他用途

料理。药用。

MEMO 对菊科植物过敏的人不宜饮用。

菊苣株高约为120厘米，蓝紫色的花朵盛开在上部叶子的旁边。

菊苣

学名：Cichorium intybus

菊科・二年生草本植物

效用部位：根

栽培：抗寒性好、容易栽培

CHIVE

细香葱茶

一种口感温润、带有刺激性、功效繁多的药草茶

细香葱正式的日文名字是『虾夷葱』，口感和近缘种『浅葱』几乎没有区别，也被称为『西洋浅葱』。法语名『Ciboulette』，在日本也较常见。细香葱和大蒜、韭菜都是同属植物，韭菜的日文别名又叫『中国细香葱』。这些百合科植物的共同特点是营养价值高。细香葱的刺激性不是特别强，用于烹饪时和浅葱没什么区别。

细香葱茶的香气能够使人想到浅葱，温润中带有些刺激性，能够增强食欲、促进消化，适合在饭前饮用。用餐时和饭后饮用效果也不错。

细香葱还因含有丰富的维生素C和铁元素而为人们所熟知，可以预防贫血，缓解头痛、发热、感冒、流感相关症状。

功效特点

增强食欲、促进消化。预防贫血，补充维生素C、铁。缓解头痛、发热症状。改善感冒、流感症状。

其他用途

料理。药用。

MEMO 因为开花后叶子会变硬，用作药草茶的葱叶应在开花前摘取。

细香葱的叶子自细长的鳞茎中伸出。花色为浅紫色或粉色，花朵密集。

细香葱

学名：Allium schoenoprasum

百合科・多年生草本植物

效用部位：叶子

栽培：适合生长在排水性好的土壤中

DILL

莳萝茶

具有温和镇静功效，儿童也可饮用的药草茶

莳萝的语源是有『安抚』之义的古代挪威语，从它的语义也能看出莳萝有显著的镇静功效。莳萝的口感独特，被广泛用在各种菜肴中。它的全身均可以作为食材食用，种子和果实是酱菜中不可缺少的原料，常用在西洋醋和三文鱼酱料中，还可以添加到面包和烤制点心中。茎可以用在汤和鱼料理中。叶子能够制作沙拉，也可用作酱料的香料。

莳萝茶的香气比较独特，带有草香味，味道温和、清爽。有镇静作用，能够调节胃肠功能，适合在肚子不舒服无法入眠时饮用。

自古以来就有给哭闹的婴儿喝莳萝茶的习俗。哺乳期饮用有利于乳汁产出。莳萝茶是产后关键期母亲和孩子的好伙伴，颇受人们喜爱。

功效特点

镇静、镇痉。健胃整肠。利尿。缓解腹痛，改善口臭，促进哺乳期产乳。有利于体内废气排出，缓解打嗝、胃痛症状。

其他用途

料理。药用。添加在面包、点心中。

MEMO 莳萝叶子和种子的香气不同，特点也不尽相同。

莳萝株高约为 60 厘米。夏季盛开的黄色花朵中会散发出怡人的香气。

莳萝

学名： Anethum graveolens

伞形科・一年生草本植物

效用部位： 叶子、种子

栽培： 对土壤的适应性很强

BURDOCK

牛蒡茶

牛蒡是一种常见蔬菜，牛蒡茶是一种有多重功效的药草茶

牛蒡又叫东洋参，烹饪后可以食用，含有丰富的植物纤维，是一种有通便功效、能够促进肠内毒素排出的健康食品。

在欧洲，自古以来就将干燥后的牛蒡根用作药草。牛蒡有很好的利尿、发汗作用，能够促进体内毒素的排出，缓解关节炎、风湿等症状。外用可治疗银屑病、湿疹等。可用于热敷。

牛蒡茶香气浓郁，几乎没有味道，适合与其他药草混合泡饮。牛蒡茶有较强的解毒、利尿、发汗作用，适合在感冒、身体无力时饮用。此外，它还能缓解坐骨神经痛、腰痛症状。牛蒡茶能够净化血液，预防感冒、流感。牛蒡的苦味能够增进食欲、帮助消化。

近年来，牛蒡茶作为一种健康食品受到人们的关注。

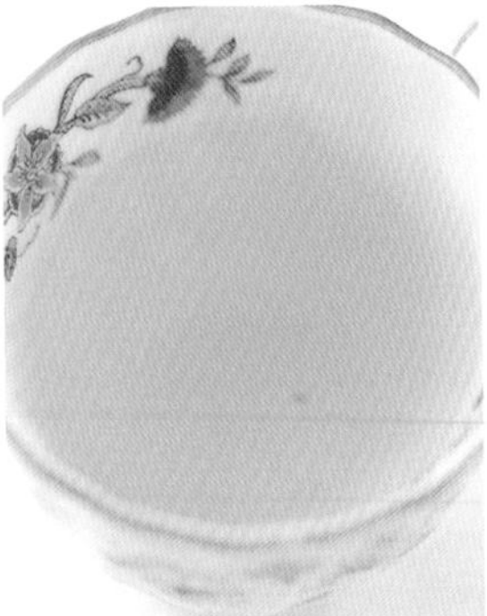

功效特点

利尿。发汗。解毒。净化血液。预防感冒、流感。缓解坐骨神经痛、腰痛症状。增强食欲。

其他用途

湿敷。外用药。制作煎剂、药酒。

MEMO 孕妇不宜饮用。

牛蒡

学名：Arctium lappa

菊科・二年生草本植物

效用部位：根

栽培：不适合家庭种植

VERVAIN

马鞭草茶

一种能够作用于神经、缓解精神疲劳的药草茶

马鞭草是古希腊、古罗马时代祭神仪式中不可缺少的药草，药用功效受到人们的重视。因其曾被用来为耶稣止血，被称作『神赐药草』，是神圣之物。它的名字来源于古罗马语，意思是『变化的植物』。

马鞭草茶带有清新的草香，味道略苦，加入甜叶菊或蜂蜜饮用口感更佳。

马鞭草茶有较好的强壮神经作用，能够缓解精神疲劳和神经性头痛，有镇静作用，适合在疲劳、难以入睡时饮用。作为漱口水使用，能够治疗牙龈发炎。此外，马鞭草茶增强肝脏、胆囊机能的功效也很值得期待。需要注意的是，孕妇不宜大量饮用。

功效特点

镇静、镇痉。发汗。缓解神经衰弱、抑郁症状。改善失眠、痛经症状。促进母乳分泌。治疗神经性头痛、泌尿系统疾病、胃肠痉挛。治疗牙龈发炎。

其他用途

药用。园艺用。湿敷。

MEMO 孕妇，患有哮喘、支气管疾病的人不宜大量饮用。

株高约 80 厘米，夏季开出穗状的淡紫色小花。

马鞭草

学名： Verbena officinalis

马鞭草科・多年生草本植物

效用部位： 地上部分

栽培： 花朵醒目、花期长，适合种在花坛中

BARBERRY

刺檗茶

一种适合饮酒过量时饮用的药草茶

刺檗的树约2米高，自古埃及时代开始，就被用作药草茶。不仅是根，刺檗的果实和树皮均有药用价值，可用于多种疾病的治疗。刺檗根能够作用于肝脏，自古以来就被用于治疗饮酒过度导致的肝脏疾病。

泛黄的刺檗茶几乎没有香气，味道较苦，和野草莓、陈皮等混合泡饮口感更佳。它能够改善肝功能、促进胆汁分泌，有抗菌、抗炎症的作用，可用于胆囊炎、结石病的治疗。但是孕妇不宜饮用。

刺檗红色的果实可食用，榨的汁有强健牙龈的功效。同时还有缓下、降温作用，曾被用作清热药剂。刺檗树皮有扩张血管的功效。刺檗果还含有大量的维生素C，带酸味，可用于肉类、酱料、泡菜制作中。

功效特点

促进胆汁分泌。止吐。改善肝功能。抗菌、抗炎症。抑制胆囊炎症。缓解胆结石症状。缓下、降温。

其他用途

药用。食用。

MEMO 孕妇不宜饮用。

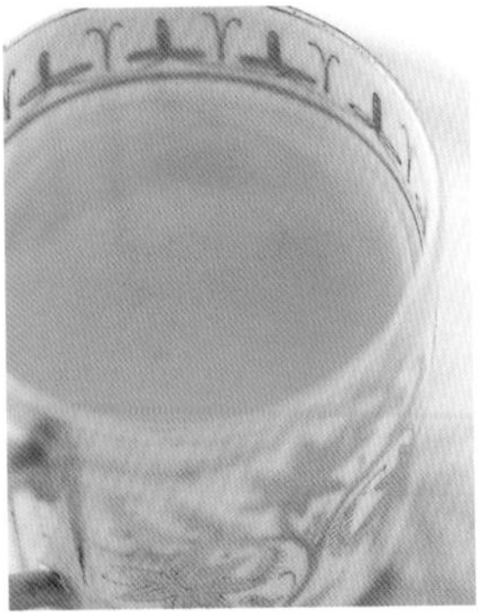

刺檗

学名：Berberis vulgaris
小檗科・落叶灌木
效用部位：根、树皮、果实
栽培：不适合家庭种植

BASIL

罗勒茶

罗勒被称作活跃在各式料理中的药草之王，有整肠健胃功效

罗勒是一种常用于意大利面、比萨中的药草，是意大利料理中不可或缺的调味料。罗勒的英文名字来源于有着『国王』之意的希腊语。

罗勒茶清新中带着一股甜香气，味道略有刺激感，能够改善消化系统功能，适合胃肠功能较弱的人饮用。它能促进消化，抑制腹痛、恶心症状，减少肠内胀气，促进通便，适合腹胀时饮用。

罗勒茶的辛辣味能够产生刺激作用，使心情得到改善，适合在心绪不宁、疲惫时饮用。

功效特点

健胃整肠。缓解腹痛、恶心症状。改善便秘。促进消化、增强食欲。

其他用途

料理，害虫驱虫剂。湿敷。

MEMO 强壮作用较明显，婴幼儿慎用。

株高约 60 厘米，叶子有驱蚊、驱除寄生虫的功效。

罗勒

学名：Ocimum basilicum

唇形科・一年生或多年生草本植物

效用部位：茎、叶、花

栽培：适合生长在日照充足、贫瘠的土壤中

PARSLEY

欧芹茶

欧芹是一种营养价值高、在世界各地被广泛活用的药草

全世界使用的欧芹有 30 多种。自古希腊、古罗马时代开始，欧芹就被广泛用来入药和食用。其中叶子卷缩的『皱叶欧芹』和叶子平整的『平叶欧芹』是最常见的两种。

欧芹的叶子和茎富含维生素、矿物质、黄酮类化合物、叶绿素等，被广泛用来入药、食用。欧芹有利尿作用，被称作『预防泌尿器官感染症效果显著的药草』。还能够促进产乳，调节子宫机能，被称作『适合产后食用的药草』。

欧芹茶带有欧芹的香气，口感温和。干燥的欧芹冲泡后口感更加圆润。新鲜的欧芹冲泡的药草茶香气更加浓郁，比较推荐饮用。欧芹和薄荷系的药草混合冲泡，口感更加清新。

功效特点

缓解浮肿、泌尿系统感染、结石、痛风症状。利尿作用。抗菌、防腐。促进母乳分泌。

其他用途

料理中的药味调料。沙拉的原料。制作饮料、清洗液。

MEMO 孕妇慎用。

株高约 50 厘米，种植在百合周围，能够促进百合生长，使之气味更加好闻。

欧芹

学名：Petroselinium crispum

伞形科・二年生草本植物

效用部位：全草

栽培：适合生长在日照充足的地方（避免强光暴晒）

VALERIAN

缬草茶

缬草是一种能缓解神经及肌肉紧张的“天然镇静剂”

缬草的名字来源于拉丁语『Valere』（健康）一词。从它的名字就能看出，缬草药效显著，自古以来就被广泛使用。

缬草有很强的镇静作用，被称作『天然镇静剂』，能够缓解神经和肌肉紧张。在欧洲，缬草被用来治疗精神焦虑症，到了近代仍然很受欢迎。在英国，缬草被用来治疗士兵的子弹恐惧症，第二次世界大战之前，英国甚至有专门种植缬草的药草园。

缬草能够安神，使情绪更加稳定，可以缓解高血压症状和肌肉紧张。缬草茶有独特刺激性香味，味道略苦，和胡椒薄荷、黄春菊混合泡饮，更容易入口。缬草茶适合在不安、紧张导致的难以入睡、睡眠浅时饮用，但不宜大量、长期饮用。孕妇禁止饮用。

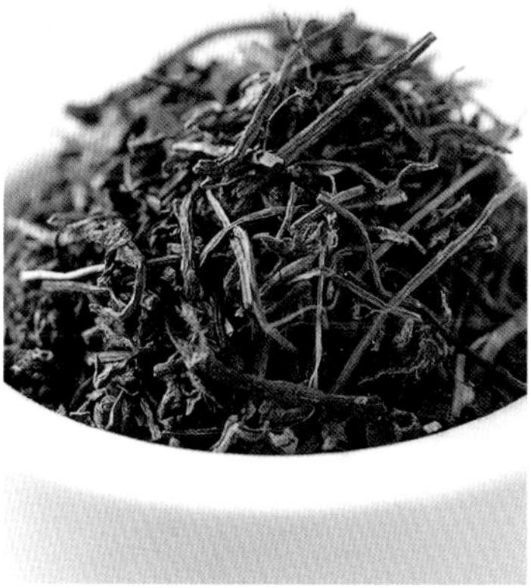

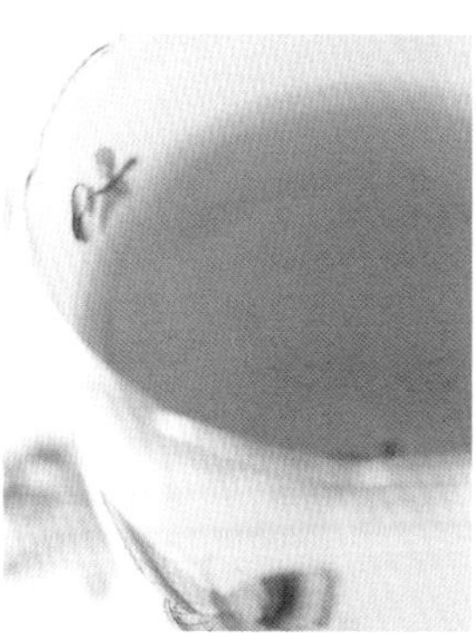

功效特点

镇静。催眠。镇痉。降血压。改善失眠，消除疲劳，治疗精神焦虑症、痛经。缓解恐慌，改善过敏性肠部综合征、神经性胃炎症状。

其他用途

药用。制作药酒、胶囊。

MEMO 不宜大量、长期饮用。孕妇禁用。

缬草

学名：Valeriana officinalis
败酱科 · 多年生草本植物
效用部位：根
原产地：印度、欧洲
栽培：适合生长在湿润、肥沃的土壤中

HEATH

帚石楠花茶

帚石楠花富含熊果苷，美白效果显著

帚石楠是一种生长在欧洲荒凉高地的常绿灌木，生命力顽强，夏季会开出粉紫色的小花，别名『石楠』『石南』。对生活在草木不生的荒野里的人们来说，帚石楠既可以用来制作扫帚，也是生活中非常珍贵的药草。帚石楠株高约为60厘米，被广泛应用在染料、饲料、茶饮等多个方面。从帚石楠花中能够提取高品质蜂蜜。

帚石楠有较强的利尿作用，能够改善肾功能，促进尿酸的排出，预防尿路结石。

帚石楠的亮粉色花朵中熊果苷的含量令人惊奇，能够有效地抑制黑色素合成，预防黄褐斑、雀斑，护肤美白效果显著。最新研究发现，熊果苷还有杀菌、抗菌功效。此外，帚石楠花中提取的色素可用于染色，树干部分可用作肥料。

功效特点

增强肾功能。促进尿酸的排出。预防尿路结石。缓解痛风、风湿等疾病症状。治疗膀胱炎。防止色素沉积（美白）。

其他用途

浴用。制作药酒、护肤品（面膜、去角质洗面奶等）、啤酒香味剂（叶子）、染料、饲料。

MEMO 肾脏弱的人要注意适量饮用。

帚石楠

学名：Calluna vulgaris

杜鹃花科・常绿灌木

效用部位：花

栽培：适合生长在日照充足的地方

HYSSOP

牛膝草茶

一种自古以来就被人们熟知、用途广泛的药草茶

牛膝草分布在南欧到中亚地区，其药效自古以来为人们所熟知。

中世纪时，用牛膝草代替芳香剂使用的习惯从上流社会阶层传到一般家庭中，到处都弥漫着牛膝草的芳香。

牛膝草茶的功效也被人们熟知，能够作用于支气管系统、消化系统，可用于风湿病的治疗。

牛膝草茶甜香中带着一丝苦味，味道温和，余味清新。能够缓解感冒、流感引起的喉咙疼痛、鼻塞等症状，祛痰功效尤其显著。冲泡得浓浓的牛膝草茶可以用作漱口水。牛膝草茶可以促进消化，适合在腹胀时饮用。

需要注意的是，孕妇、高血压患者禁止饮用。

功效特点

镇痉、发汗、镇静。增强食欲。缓解支气管炎、喉咙炎症以及感冒引起的咳嗽、鼻塞症状。

其他用途

料理。香料。园艺用。

MEMO 孕妇、高血压患者、癫痫患者禁止饮用。

花的颜色有紫色、白色、粉色等。每种颜色都很美且容易种植，常被用在园艺中。

牛膝草

学名：Hyssopus officinalis

唇形科・灌木

效用部位：叶子、茎、花

栽培：适合生长在排水性好的土壤中

BILBERRY

欧洲越橘茶

欧洲越橘是一种含有对眼睛有益的色素的药草

欧洲越橘是蓝莓的近缘种，夏季会结出黑紫色的果实。欧洲越橘的果实自古以来就被北欧地区的人们食用。因富含花青素，果实内部呈深紫红色。据说在第二次世界大战期间，英国会给夜间飞行的飞行员配发欧洲越橘制成的果酱。

欧洲越橘有很强的杀菌作用，在欧洲，很久之前就被用来入药，尤其对泌尿器官有很强的功效，常被用于治疗膀胱炎等疾病。它还能强化毛细血管，对静脉疾病也有缓解功效。

使用欧洲越橘叶子制成的药草茶，带有清新的草香气，味道略带甜酸，适合在眼睛疲劳时饮用。欧洲越橘茶能够缓解眼睛疲劳，预防眼病。能够降低血糖指数，用于糖尿病治疗药的研究也取得一定成效。此外，欧洲越橘还能预防腹泻、恶心呕吐。

日本市面上有很多欧洲越橘提取液、营养辅助食品，可以轻松入手。但是要注意不宜长期、大量服用。

功效特点

缓解眼睛疲劳。强化毛细血管。消炎、杀菌作用。预防糖尿病，防止打瞌睡，治疗腹泻、恶心呕吐。

其他用途

药用。制作健康辅助食品。

MEMO 不宜长期、大量饮用。

欧洲越橘

学名：Vaccinium myrtillus

杜鹃花科・落叶灌木

效用部位：叶子、果实

栽培：不适合家庭种植

FEVERFEW

野甘菊茶

一种清热效果显著、适合偏头痛严重的人饮用的药草茶

野甘菊广泛生长于北美、欧洲各地。关于其名字的由来有很多说法。有说是『febrifuge』（清热剂）的谐音，也有说是将『fever』（热）的状态变为『few』（少）的状态，所以叫『feverfew』，后者的说法更贴近，因为从野甘菊的英文名字中也能看出它有很强的清热功效，自古以来就被用来入药。野甘菊能够缓解头痛的功效在医学界已经被承认。

野甘菊茶香气清新、略带苦味，适合感冒、流感发热、头痛时饮用。经常出现耳鸣、偏头痛症状的人也可以试试野甘菊茶。需要注意的是，孕妇禁止饮用。野甘菊茶有引起血液凝固的功效，服用抗凝血药的人不宜饮用。

功效特点

解热、消炎。扩张血管。缓解痛经、恶心呕吐症状。改善容易着凉体质。缓解疲劳，恢复精神。

其他用途

驱虫剂。浴用。制作室内香熏瓶、香袋。

MEMO

对菊科植物过敏的人、孕妇、正在服用抗凝血药物的人禁用。

株高约 60 厘米，叶子有独特的香气，夏季开出类似雏菊的花朵。

野甘菊

学名：Tanacetum parthenium
（Chrysanthemum parthenium）

菊科 · 多年生草本植物

效用部位：叶子

栽培：不适合生长在高温多湿的地方

FENUGREEK

葫芦巴茶

一种自古以来就被用于改善生殖系统功能的药草茶

葫芦巴是原产于南欧、西亚、南亚的豆科一年生草本植物。初夏时会开出淡黄色的花，种子有浓郁的芳香气味。葫芦巴的使用历史非常悠久。在世界上最古老的医书《埃伯斯纸草文稿》中，记载葫芦巴是一种能够促进分娩的药草。在埃及法老图坦卡蒙的墓中也发现了葫芦巴的种子。

葫芦巴能够刺激子宫收缩，促进母乳分泌，缓解痛经、分娩痛。同时还有强壮生殖系统的功效。最新的研究表明，葫芦巴能够降低2型糖尿病患者血液中的胆固醇和血糖指数。

葫芦巴的种子常用作咖喱、辣酱的香味剂，发芽的种子还可以做成沙拉食用。葫芦巴茶味苦，和茴香茶混合，能够增加些甜味，更容易入口。

功效特点

促进母乳分泌。缓解痛经、分娩痛。降低2型糖尿病血糖指数、血液中胆固醇指数。

其他用途

湿敷。

MEMO 孕妇禁用。

葫芦巴

学名： Trigonella foenum-graecum

豆科・一年生草本植物

效用部位： 种子、果实

栽培： 适合生长在干燥、通风的地方

BLACKCURRANT

黑加仑茶

黑加仑是一种既对眼睛有益又有抗衰老效果的超级药草

黑加仑又名黑醋栗，生长于欧洲中部到东部地区，有结红色果实的红加仑和结白色果实的白加仑。黑加仑的果实中富含维生素C、花青素、丹宁，有较强的抗氧化、消炎、杀菌、收敛、利尿、强壮末梢血管的功效。

黑加仑的学名源自阿拉伯语中『有酸味』一词。第二次世界大战后，粮食匮乏，黑加仑因营养素含量高而受到关注。

黑加仑果实提炼的植物油中γ-酸含量丰富，能够改善更年期综合征、经前综合征、关节炎症状。

此外，花青素的功效也在临床实验中不断得到验证，黑加仑是一种具有显著的综合抗衰老效果的超级药草。

功效特点

抗氧化。消炎、杀菌、收敛、利尿。强壮末梢血管。缓解眼睛疲劳。预防感冒、流感。

其他用途

制作营养辅助食品、种子油。浴用。漱口用。食用。制作面膜（紧致皮肤）。

MEMO
果实不适合生食，黑加仑果子酒调制的鸡尾酒“基尔”（Kir）很有名。

黑加仑

学名：Ribes nigrum

虎耳草科・落叶灌木

效用部位：果实、叶子

栽培：适合生长在凉爽、通气性好的地方

BLACK COHOSH

黑升麻茶

一种能够缓解疼痛、调节女性激素水平的药草茶

黑升麻生长在北美森林中。夏季会开出有刺激性臭味的乳白色花朵。自古以来，美洲的原住民就用黑升麻来缓解分娩疼痛、神经痛以及风湿痛。1820—1926年的美国药典中，记载黑升麻为正式的植物性药品。

黑升麻含有植物性激素（和人体中的雌激素具有相同功效的成分），具有调节女性激素水平，舒缓女性生殖器官的效果。它还能够缓解分娩时的疼痛，使生产更加顺利。此外，黑升麻还能够缓解风湿、坐骨神经痛产生的疼痛感，扩张毛细血管，降低血压。需要注意的是，大量饮用黑升麻茶会引起恶心、呕吐，甚至有中毒的可能性，因此要避免大量饮用。分娩时饮用黑升麻茶前一定要遵循医嘱。

功效特点

镇痉、镇静。缓解风湿、坐骨神经痛症状。抗炎症。缓解神经疼痛。调节女性激素水平。使血压恢复正常。有助于生产。

其他用途

制作药酒、胶囊。

MEMO 孕期、哺乳期禁用。

黑升麻

学名： Cimicifuga racemosa

毛茛科 · 多年生草本植物

效用部位： 根

栽培： 适合生长在半阴凉、湿润、土壤肥沃的地方

HORSETAIL

马尾草茶

马尾草富含矿物质，马尾草茶也是一种为人们熟知的药草茶

马尾草叶子细长，与迷迭香类似，不开花。其学名『Equisetum』是『马的尾巴』之义，叶子的形状也和马尾相似，因此得名『马尾草』。古希腊时代，人们用马尾草来止血、治疗创伤。

马尾草中富含硅，有利于保持指甲、毛发、骨头健康，提高皮肤弹性，富含钾，有助于钾在体内的吸收。马尾草作用于泌尿系统和生殖系统，可用于治疗失禁、夜间遗尿。利尿、杀菌作用显著，能够缓解浮肿、泌尿系统感染等症状。外用可在沐浴时使用，还可治疗风湿、关节炎、冻伤。

功效特点

止血、收敛、利尿。能够给指甲、毛发、骨头补充营养。治疗失禁、夜间遗尿。恢复皮肤弹力。

其他用途

制作药酒、营养辅助产品。浴用。

MEMO 不宜长期饮用。

马尾草

学名：Equisetum arvense

石松科

效用部位：叶子、茎

栽培：适合生长在半阴凉、湿润的地方。需要大量浇水

HAWTHORN

山楂茶

一种因改善血压、改善心脏功能较好而受到人们喜爱的药草

山楂树春季开出纯白色的花，秋季结出红彤彤的果实，是一种容易栽培的乔木，即使在贫瘠的土壤中也能生长，作为庭院景观树也很受人们喜爱。

在欧洲和亚洲，山楂自古以来就被用于治疗心悸、气短等和心脏相关的疾病。现代科学研究表明，山楂中含有的黄酮类化合物，能够扩张心脏动脉，减缓心跳频率，还能够降低高血压患者的血压，使低血压者的血压恢复正常。山楂茶作为一种能够改善心脏功能的药草茶，功效比较温和，心脏病患者在饮用时需要遵医嘱。山楂茶还能够促进血液循环，使头脑更加清醒，增强注意力。

功效特点

能够扩张血管，促进血液循环，调整血压，缓解心律不齐，增强注意力。

其他用途

制作药酒、胶囊。

MEMO 心脏病患者饮用时需要咨询医生。

山楂

学名：Crataegus oxyacantha

蔷薇科・落叶灌木

效用部位：果实

栽培：适合大片种植、用作树篱

HOPS

啤酒花茶

一种由人们所熟知的啤酒原料啤酒花做成的适合晚饭后饮用的药草茶

啤酒花是多年生攀缘植物，种植历史悠久，是人们熟知的啤酒苦味之源。其雌雄异株，用作啤酒原料的只有雌株。英国的艾尔啤酒（Ale）在酿造时，传统上不使用啤酒花。

啤酒花有镇静作用，能够治疗失眠。将啤酒花的花朵放到枕头里制成的安眠枕也被人们广泛使用。啤酒花能作用于中枢神经，缓解紧张、不安情绪，使人放松。

啤酒花茶几乎没有味道，气味比啤酒要更冲些，略带苦苦的味道，能够促进消化，适合在腹胀时饮用。推荐和荷兰薄荷、黄春菊混合冲泡，晚饭后饮用，能够改善消化不良，帮助睡眠。

啤酒花茶有轻微抑制中枢神经的作用，心情抑郁、有抑郁症的人禁止饮用。干燥的啤酒花可用于制作药草枕头，每隔两个月需要更换一次枕头中的啤酒花。

功效特点

镇静、催眠、杀菌、收敛、促进消化。缓解腹痛、紧张性头痛。

其他用途

制作室内香熏瓶、香料。

MEMO 有抑郁症状的人禁用。

啤酒花

学名：Humulus lupulus

桑科・多年生草本攀缘植物

效用部位：花

栽培：繁殖简单，可压条、扦插

BORAGE

琉璃苣茶

琉璃苣是一种能够增强勇气、促进健康的药草

中世纪时，琉璃苣茶被认为是能够增强勇气的饮品，武士们在比赛前经常饮用。琉璃苣有多重药效，如清热、镇痛等。

琉璃苣蓝色星形的花朵常用作沙拉、蛋糕的装饰花。琉璃苣的嫩叶曾被用来做沙拉。后来发现苣菜含有能够导致肝功能障碍的生物碱，不适合食用、饮用。因此在某些国家琉璃苣属于使用限制品，如澳大利亚、新西兰等。

需要注意的是，孕妇不宜饮用琉璃苣茶，普通人也不宜长期饮用。使用时，一定要咨询医生，遵医嘱。

功效特点

清热、镇痛。促进肾上腺素分泌。

其他用途

观赏用。用作沙拉、蛋糕的装饰（花）。

MEMO 使用前要咨询医生，避免长期使用，孕妇不宜饮用。

株高约 60 厘米，初夏开出带有黑色雄蕊的蓝色星形花朵。

琉璃苣

学名：Borago officinalis

紫草科・一年生草本植物

效用部位：叶子

栽培：适合生长在排水性好的土壤中

MATE

马黛茶

一种南美人的日常茶饮，含有丰富的营养成分，被称作“喝的沙拉”

马黛茶深受南美人喜爱，是阿根廷最受欢迎的饮品。它的近缘种制成的混合黑饮料有使人兴奋的作用，战士们常在开战略会议前饮用，有涤净身心之意。

马黛茶的营养价值较高，以前曾被用作坏血病的民间治疗法。马黛茶有两种，绿色马黛茶味道和煎茶类似，口感温和，烘烤后的叶子制成的红色马黛茶口感和焙茶接近。

马黛茶富含维生素、铁、钙，有强健身体的作用，护肤美容效果也值得期待。它含有丰富的植物纤维，因此被称作『喝的沙拉』。马黛茶含有能够抑制食欲、促进脂肪代谢的胆碱，有利于减肥。

在南美，人们习惯将一个叫作『Bombilla』的带有茶滤的吸管插入容器中喝马黛茶，这种饮茶方式叫『西马龙式』①。

① 马黛茶（Mate）名字的语源是西班牙语『西马龙』（Cimarron）。

功效特点

强健身体。抑制食欲、促进脂肪代谢，有利于减肥。使头脑更加清醒。缓下、利尿。美容护肤。

其他用途

药用。

MEMO 孕妇不宜饮用。

马黛

学名：Ilex paraguariensis

冬青科・常绿灌木

效用部位：叶子

栽培：不适合家庭种植

MULBERRY

桑叶茶

一种能够抑制饭后血糖升高，有促进代谢、减肥功效的药草茶

桑树是一种5000年前就开始栽种的落叶乔木，生命力顽强。

桑叶中含有的DNJ（脱氧野尻霉素）因能够抑制饭后血糖上升为人们熟知，有改善糖尿病、肥胖、代谢综合征等生活习惯病的功效。日本镰仓时代，荣西禅师在《吃禅养生记》中就写到桑叶有改善糖尿病的功效。桑叶还能够增强双歧杆菌活性，起到改善胃肠道功能的效果。

桑叶富含各种维生素、亚铅等矿物质、胺酸、植物纤维等，营养成分高，能够增强免疫力，促进皮肤再生，改善味觉障碍。桑树的根部被叫作『桑白皮』，被用在治疗呼吸系统疾病的中药中。

功效特点

能够抑制血糖指数上升，促进胰岛素分泌。有减肥功效。改善胃肠道功能，增强免疫力，促进皮肤再生，消除味觉障碍。治疗呼吸系统疾病。

其他用途

制作果酱、糖浆、果子酒、红酒等（果实）。中药。

MEMO 外用有美白效果。

株高约15米，是蚕喜欢的唯一植物，养蚕时必不可少。

桑叶

学名：Morus alba

桑科·落叶乔木

效用部位：全草

栽培：适合生长在日照充足、湿润的地方

MULLEIN

毛蕊花茶

一种能够作用于呼吸器官、适合吸烟者饮用的药草茶

毛蕊花是欧洲、亚洲等地的2年生野生草本植物，强壮的茎被茸毛包裹，可长到2米左右。现在，在德国的儿科中仍然使用毛蕊花茶来治疗呼吸系统疾病。毛蕊花的叶子有防腐、杀菌的作用，可用于水果等的保存。

毛蕊花茶味道温和，余味清新甘甜。毛蕊花含有皂角苷，有缓解喉咙炎症、祛痰的效果，适合喉咙肿痛时饮用。它也是一款适合嗜烟者饮用的药草茶。此外，毛蕊花还能够缓解痉挛、咳嗽不止症状。用冲泡的毛蕊花浓茶漱口，效果也很明显。毛蕊花茶能够改善消化系统不调，减轻腹痛、腹泻症状。

功效特点

杀菌、祛痰、镇痛。缓解喉咙疼痛、哮喘、咳嗽症状。改善消化系统不调（腹泻）、腹痛症状。镇痉。

其他用途

药用。湿敷。

MEMO 花的提取液可外用治疗皮肤炎症和轻微的创伤。

株高约2米，夏季至晚秋季节开出略带蜜香味的花朵。

毛蕊花

学名：Verbascum thapsus

玄参科・二年生草本植物

效用部位：叶子、花

栽培：适合生长在沙石多的斜坡上

MILK THISTLE

奶蓟草茶

一种有名的能够促进母乳分泌、增强肝功能的药草茶

奶蓟草又叫水飞蓟、马利亚蓟，广泛分布于欧洲全境和地中海沿岸。

奶蓟草的茎和叶子上有刺，紫色花朵很大，适合用作观赏植物。据说它叶子上的斑点是圣母马利亚在喂乳时不小心滴上的乳汁，因此它的学名叫『Marianum』。

从它的名字也能看出奶蓟草能够促进母乳分泌（催乳作用），适合哺乳期食用。

此外，奶蓟草的种子和果实中含有黄酮类化合物中一种叫水飞蓟素的物质，能够促进肝细胞再生，分解造成肝脏负担的酒精，促进胆汁分泌。因此奶蓟草有助于缓解各种因肝功能低下导致的身心不适症状。

奶蓟草茶能够促进排毒、增强肝功能、提高免疫力。

功效特点

促进母乳分泌。促进消化。增强肝功能。治疗肝炎、肝硬化、心绞痛，缓解晕车症状。

其他用途

制作药酒、营养辅助食品。观赏用。

MEMO

别名水飞蓟、马利亚蓟。

奶蓟草

学名：Silybum marianum

菊科・一年生或二年生草本植物

效用部位：种子、果实

栽培：适合生长在日照充足、排水性好的地方

MEADOWSWEET

旋果蚊子草茶

旋果蚊子草的有效成分提取后能够合成阿司匹林

旋果蚊子草是原产于欧洲、西亚的蔷薇科多年生草本植物，初夏会开出乳白色的花，花、茎、根均有芳香气味，在英国被用作麦秆药草（绕在床上的药草）。它有类似杏仁的香味，也用作香味剂。

旋果蚊子草主要的功效是镇痛，被活用在消化器官和关节疾病中，如胃炎、胃溃疡、风湿、关节炎等。它含有的水杨酸，1838年首次被提取成功，之后被用于合成阿司匹林。与仅用有效成分水杨酸合成的阿司匹林相比，旋果蚊子草的药效更加温和，副作用也更小。旋果蚊子草茶的口感较温和，能够缓解消化系统异常、风湿症状。

功效特点

镇痛、利尿、解毒、杀菌、抗炎症。缓解胃痛、关节炎、风湿等症状。

其他用途

制作药酒、煎剂。

MEMO 阿司匹林过敏症患者禁用。

株高约2米，乳白色的花朵和花蕾常用作婚礼的装饰品和室内香熏瓶。

旋果蚊子草

学名：*Filipendula ulmaria*

蔷薇科・多年生草本植物

效用部位：叶子、花

栽培：适合生长在水边肥沃的土壤中

MELILOT

草木犀茶

有令人亲切的味道，能够促进血液循环、强化血管功能的药草

草木犀广泛分布于欧洲、亚洲地区，即使在荒地中也能够生长。草木犀茶有甘草的香气，味道和乌龙茶类似。

草木犀能促进血液循环、强化血管功能，可用于改善静脉瘤，预防血栓，缓解由血液循环不畅引起的各种症状。草木犀茶是一种效果温和的镇静剂，推荐受头痛、痛经、神经痛困扰的人饮用。

草木犀可作为抗凝固剂的原料，因此有血液凝固障碍病史的人禁止饮用。还可用在奶酪火锅中使用的格鲁耶尔奶酪、伏特加、啤酒中，增加其香气。

草木犀茶使用的是干燥后的叶子，如果干燥不彻底、叶子发酵，会产生毒性，需要特别注意。

功效特点

缓解紧张性头痛、神经痛、心悸、痛经、肌肉僵硬症状。镇痉、镇痛、消炎、去除充血、利尿。改善消化不良、头痛症状。杀菌功效。促进淋巴循环。

其他用途

药用。湿敷。做食品、饮料的香味剂。

MEMO 使用血液凝固剂的人禁用。

草木犀

学名：Melilotus officinalis

豆科・一年生或二年生草本植物

效用部位：茎、叶子

栽培：适合种植在半阴凉的地方

YARROW

欧薯草茶

一种以可爱的小花朵为原料、能够柔和地改善身体状况的药草茶

使用欧薯草的花制成的药草茶香气浓郁，味道略辛辣，余味清新，给人畅快之感。如果觉得它的味道过于强烈，可添加蜂蜜等来增加甜味。

欧薯草富含维生素及矿物质，有增强体质的效果，可以为身体补充营养。欧薯草茶适合在感到疲惫或体力不足时饮用。欧薯草有扩张末梢血管、促进血液循环、降血压、净化血液的功效。有助于改善经期血流不畅症状，预防由高血压引起的并发症。还有利尿、发汗作用，对缓解感冒或流感症状也有效果。需要注意的是，孕妇不宜大量饮用。

欧薯草的花朵因其精油药效显著而闻名。抗过敏性强，也可用于花粉症等的治疗。

功效特点

补充营养。净化血管、止血，降血压。改善经期不畅。利尿。发汗。促进消化。缓解感冒、流感、痛经症状。

其他用途

浴用。添加在化妆水中。

MEMO 对菊科植物过敏者或孕妇不宜大量饮用。

株高约 1 米，叶子细长，呈锯齿状。

欧薯草

学名：Achillea millefolium

菊科・多年生草本植物

效用部位：花

栽培：在有些贫瘠的土壤中也能生长

LIQUORICE

甘草茶

甘草能够增加混合药草茶的甜度，是一种药用价值很高的药草

公元前500年左右，甘草开始作为药草使用，药效较好。为了平衡药性，甘草常被用作许多中药的配药。

正如甘草其名所示，甜度高是其特点。根部含有大量甘草酸，甜度约是砂糖的50倍，常被用作甜味剂的原材料。甘草酸对多种激素尤其是肾上腺素皮质激素的分泌具有促进作用，因此具有抗炎症、抗病毒、抗过敏的功效。还可以缓解支气管炎的症状，出现咽喉疼痛、痰多咳嗽等不适症状时推荐饮用。甘草茶对改善胃溃疡、膀胱炎，提高免疫力等也有疗效，但高血压患者不宜饮用。

甘草作为减肥甜味剂替代品具有极高价值。添加了甘草甜味的利口酒也很受欢迎，还可以用在鸡尾酒中。

功效特点

利尿、缓下。辅助肝脏解毒。预防龋齿。缓解关节炎引起的疼痛、僵硬。抗炎症、抗病毒、抗过敏。

其他用途

药用。用作饮料、点心等的甜味剂。

MEMO 高血压、肾病患者请勿饮用。

甘草

学名：Glycyrrhiza globora
豆科·多年生草本植物
效用部位：根部
栽培：喜好沙土地

ROOIBOS

路易波士茶

一种抗衰老、传说中能够保持青春的健康茶

路易波士因仅生长在南非瑟德堡（Cedarberg）山区的高原地带而闻名。它的名字来源于『Bush』（红色灌木），正如其名所示，针状叶子凋落时会变成红褐色。南非的原住民自古以来就将路易波士的叶子发酵、干燥制成『长生不老茶』，日常饮用。

20世纪80年代日本的研究表明，路易波士中富含SOD（超氧化物歧化酶），有保持青春、预防衰老的功效。路易波士茶也因此引起热议。

路易波士茶能够改善易受凉体质，便秘、过敏症状。改善皮肤疾病的功效也得到了认可，还多用于治疗湿疹、花粉症、哮喘等。

路易波士茶茶汤为艳丽的红棕色，香气独特，并带有些许苦味。咖啡因含量较低，味道沉郁，口感鲜明。推荐和红茶、野玫瑰果、柠檬草等混合泡饮。

功效特点

去除氧自由基。促进代谢。缓解哮喘、花粉症、湿疹等症状。改善易受凉体质、便秘等症状。抗过敏。

其他用途

内服：提取液。利口酒。

外用：湿敷。制作润肤露（用于皮肤感染症、湿疹等）。

MEMO 可根据自身喜好搭配牛奶或柠檬饮用，冰镇也很美味。

路易波士

学名：Aspalathus linearis

豆科・落叶灌木

效用部位：叶子

栽培：适合生长在日照充足的沙土地中

RED CLOVER

红车轴草茶

一种口感温和、适合喉咙不适时饮用的药草茶

红车轴草原产于欧洲，是一种为人们熟知的牧草。药用历史久远，可以追溯到古罗马时代。红车轴草促进健康效果较好，经常被用作强壮剂。还能够作用于呼吸系统，止咳化痰。

红车轴草茶带有些许青草的香气，还有温和的甜味，适合在喉咙感到不适时饮用。

红车轴草还有许多其他的功效，如能够缓和感冒、流感症状，有类似女性激素的功效，能够调节女性激素平衡，缓解更年期的各种症状。1930年前后，红车轴草中的抗癌成分开始受到关注，被用于治疗胸部、卵巢、淋巴等部位癌症。

红车轴草虽是多年生草本植物，但连续培育两年之后，成活率会下降。因此建议每年播种。

功效特点

利尿。镇痉。消炎。调节女性激素平衡。抑制肿瘤生长。缓解冠状动脉血栓、呼吸系统不适症状。

其他用途

药用。牧草。湿敷。

MEMO 孕妇、血友病患者禁用。

红车轴草

学名： Trifolium pratense

豆科·多年生草本植物

效用部位： 花

栽培： 不耐热

LEMON

柠檬茶

一种香气清爽，令人心情放松、解除疲劳的药草茶

柠檬是柑橘类的代表品种，原产于印度和喜马拉雅地区，现在在世界各地都有栽培。一般情况下，作为水果食用它的果实和果汁，作为药草的话则利用其晒干的果皮和从果皮中提取的精油。柠檬果皮制成的药草茶略带酸味、口感清新。

如果想要将柠檬的香气发挥到最大，可以将柠檬的果皮细细切碎，通过和其他名称中带有『柠檬』的药草混合泡饮，也能够达到增强柠檬香味的效果。柠檬有抗菌作用，能够抑制细菌的繁殖和活性。还具有抗氧化、强壮血管、清热退烧作用。

在疲惫的时候，可制成药草茶饮用，也可以将柠檬果皮用纱布包裹入浴时使用，有消除疲劳、恢复精神的功效。

功效特点

抗菌、抗氧化作用。治疗泌尿系统疾病（膀胱炎、肾结石等）、静脉瘤、痔疮。消除压力、增进食欲、清热、消除疲劳。

其他用途

生食。果汁（果实榨取）。浴用。添加在点心中。

MEMO 适合在感冒初期、食欲不振时饮用。

株高约 7 米，开白色的花，果实为绿色，成熟后变为黄色。

柠檬

学名：Citrus limon

芸香科・常绿乔木

效用部位：果皮（柠檬皮）

栽培：适合生长在日照充足、土壤肥沃的地方

WILD CHERRY

野樱桃茶

一种苦味强烈、止咳效果显著的药草茶

野樱桃是蔷薇科乔木，和樱桃是同种植物，与桃子和李子同属。在同种植物中植株较高，约为10~20米，高的可达25米。初夏时节会开出带有香气的白色花朵，到了秋季叶子会变黄凋落。

自古以来野樱桃的树皮就被用作止咳的特效药。此外，野樱桃还有镇静、抗病毒、抗细菌等作用，能够有效缓解感冒、流感、支气管炎等症状。野樱桃还能作用于消化系统，改善消化不良、胃炎、腹泻等症状。

野樱桃茶带有些许类似生姜的香气，苦味非常强烈，可添加蜂蜜增加甜度。需要注意的是，急性传染病患者禁用。且野樱桃茶能够引起困意。

野樱桃黑色的果实带有些许苦味，可用作果酱和红酒的原料。

功效特点

止咳化痰。收敛镇静。健胃。治疗支气管炎、百日咳、哮喘。

其他用途

药用。制作果酱、红酒。

MEMO 野樱桃茶能够引起困意，应避免大量饮用。

野樱桃

学名：Prunus serotina
蔷薇科・落叶乔木
效用部位：树皮、果实
栽培：不适合家庭种植

IVY

洋常春藤

一种外用镇痛效果显著、具有很高的观赏价值的药草

MEMO

洋常春藤的品种繁多，有500种以上，栽培种植比较简单，常用在园艺及室内装饰中。因其有毒性，不可饮用、食用。外用时也要注意不要自己随意制取使用。

功效特点

只能外用（不可饮用、食用）。洋常春藤制成的外敷品有镇痛消炎作用。

洋常春

学名：Hedera helix
五加科：常绿攀缘植物
效用部位：叶子、茎
栽培：适合生长在土壤肥沃、向阳或半阴凉的地方

ARNICA

山金车

一种治疗跌打损伤的外用药，不可内服

MEMO

山金车因拯救了大文豪歌德的性命而闻名。在欧洲，自古以来一直被用作治疗跌打损伤的外用药。因其有毒性，不可饮用、食用，也不宜长期外用。在德国医疗中，利用山金车极少一部分毒性功效时可以内服，而在英国、美国则仅为外用药。外用时极少数情况下可能会引起皮肤炎症，需要多加注意。

功效特点

治疗关节炎、风湿以及应急处理撞伤、扭伤的外用药。有伤口时不要使用。

山金车

学名：Arnica montana
菊科：多年生草本植物
效用部位：叶子、花
栽培：适合生长在酸性土壤中

YELLOW DOCK

皱叶酸模根茶

一种能够改善贫血、便秘，增强体质的药草茶

MEMO

皱叶酸模根茶能促进胆汁分泌，增强肝功能。与便秘药大黄类似，含有能够刺激肠道使排便顺畅的蒽醌。富含铁，能够改善贫血。

功效特点

改善体质。促进胆汁分泌。改善贫血、通便不畅。治疗皮肤病。

皱叶酸模

学名：Rumex crispus
蓼科·多年生草本植物
效用部位：根
栽培：类似于杂草，不适合人工栽培

UVA

熊果茶

熊果和红茶乌瓦是全然不同的东西，在日本属于医药品

MEMO

熊果是一种医药品，有较强的利尿、杀菌作用，可用于改善泌尿系感染。还能够排出体内多余的水分，消除浮肿。虽然英文名字都是“Uva”，但熊果和红茶乌瓦是全然不同的东西。

功效特点

医药品。利尿、杀菌。改善泌尿系感染症、浮肿。

熊果

学名：Arctostaphylos uva-ursi
杜鹃花科·常绿灌木
效用部位：叶子、茎
栽培：适合生长在凉爽干燥的地方

ELECAMPANE

土木香茶

一种作为生药为人们熟知的医药品

MEMO

土木香是医药品，夏季开出类似蒲公英的黄色花朵。在古希腊、古罗马以及中世纪欧洲，土木香被用于治疗呼吸器官疾病和心脏病。江户时代传入日本，它的抗菌作用也开始被人们熟知。孕妇慎用。

功效特点

抑制血糖上升。改善肠内环境。杀菌。治疗呼吸器官疾病。

土木香

学名：Inula helenium

菊科·多年生草本植物

效用部位：根

栽培：适合生长在日照充足、湿润的地方

GARLIC

大蒜茶

大蒜是一种能够补充体力的药草

MEMO

自古埃及开始，大蒜就被用作补充体力的能量源。在中世纪欧洲，大蒜作为万灵药被广泛利用。大蒜能够使血液更加流畅，抗血栓效果显著。孕期、哺乳期都不宜大量服用。食用大蒜后，精力旺盛，容易扰乱心神，因此佛教徒不食用大蒜。第二次世界大战以后，大蒜随着西餐和中餐的普及开始在日本推广开来。

功效特点

强杀菌、抗菌作用。增强食欲。能够降低血液中胆固醇含量，预防生活习惯病。预防癌症的功效正在研究中。

大蒜

学名：Allium sativum

百合科·多年生草本植物

效用部位：根（鳞茎）

栽培：适合生长在日照充足、排水性好、土壤肥沃的地方

CAT'S CLAW

猫爪草茶

猫爪草是经WHO （世界卫生组织）认定的药用植物

MEMO

猫爪草是一种非常珍贵的药草。它只生长在南美的热带雨林区，且一公顷内也就只有几棵。亚马孙流域的原住民用猫爪草来治疗各种疾病，现在它的药用功效被科学所验证，WHO认定它为药用植物。孕妇不宜饮用。

功效特点

抗炎症效果显著，没有副作用。治疗风湿。

猫爪草

学名：Uncaria tomentosa
茜草科・攀缘植物
效用部位：树皮、叶子
栽培：生长在热带雨林中

CARAWAY

葛缕子茶

一种适合在食欲不振、腹胀时饮用的药草茶

MEMO

从石器时代开始，葛缕子拥有独特香气的种子就被用作烹饪调料。葛缕子茶有促进消化、减少肠内胀气、增强食欲的功效，适合在腹胀、食欲不振时饮用。煎服能够止咳、祛痰，治疗感冒。葛缕子茶还能够促进母乳分泌。

功效特点

增强食欲。促进消化。抑制恶心想吐症状。祛痰。促进母乳分泌。

葛缕子

学名：Carum carvi
伞形科・一年生或二年生草本植物
效用部位：种子
栽培：适合生长在中性或碱性土壤中

CLEAVERS

猪殃殃茶

一种能够净化血液、改善淋巴系统功能的药草茶

MEMO

猪殃殃是常见于草丛、篱笆等地的一种杂草。数百年前开始被当作春天净化血液的药草利用。将猪殃殃新鲜的叶子过热水焯一下食用，或是榨汁饮用，利尿效果会更加明显。猪殃殃茶能够净化淋巴液、缓解淋巴腺肿胀、改善淋巴系统功能。不仅可以饮用，还可以外敷。

功效特点

利尿。治疗前列腺疾病、扁桃体发炎。

猪殃殃

学名：Galium aparine

茜草科・一年生草本植物

效用部位：全草

栽培：适合生长在养分丰富、湿润的地方

GOLDENSEAL

金印草茶

一种以抗炎杀菌效果闻名，甚至被当作药品对待的药草

MEMO

北美的原住民将金印草用作消炎、治疗外伤的药。其显著的抗炎杀菌作用在日本为人们熟知，甚至把金印草当作药品对待。金印草茶能够抑制黏膜炎症，适合在喉咙肿痛的时候饮用。此外，用冲泡较浓的金印草茶漱口，可以很好地预防牙龈发炎。

功效特点

抑制黏膜炎症。预防牙龈发炎。改善消化不良、便秘症状。缓解感冒、流感症状。

金印草

学名：Hydrastis canadensis

毛茛科・多年生草本植物

效用部位：根

栽培：适合生长在背阴、排水性好、土壤肥沃的地方

COMFREY

聚合草茶

聚合草是一种近年来被限制内服、用于治疗创伤的药草

MEMO

聚合草春夏会开出粉色或紫色的花。它的学名在希腊语中的意思是“结合”，在欧洲，自古以来被广泛用于治疗创伤。在日本，自明治时代中期开始一直被用作食品的一种。近年来随着对其有肝毒性特征的发现，已经被限制内服。聚合草含有促进组织再生的尿囊素，外敷能够加速伤口愈合、恢复。

功效特点

治疗瘀伤、挫伤、跌打损伤等创伤。

聚合草

学名：Symphytum officinale

紫草科・多年生草本植物

效用部位：叶子

栽培：适合生长在湿润的草地、森林、河堤中

CHILI

小米椒茶

一种具有食用辣椒养生功效和作用的药草茶

MEMO

小米椒茶有着独特的辛辣口感，同时也有发汗、促进新陈代谢的作用，有利于减肥。小米椒茶饮和小米椒料理有相同的功效，能够增强食欲、促进消化。富含维生素C，有改善感冒、喉咙炎症、声音嘶哑等症状的作用。

功效特点

改善消化不良。改善感冒各症状。补充维生素C。促进血液流通。刺激感觉神经。食物杀菌。

小米椒

学名：Capsicum frutescens
（C.minimum）

茄科・多年生草本植物

效用部位：果实、种子

栽培：茄科植物，不适合连茬栽培种植

DEVIL'S CLAW

爪钩草茶

爪钩草是一种抗炎症效果好、名字独特的药草

MEMO

红色或紫色的花朵盛开后，会结出两根像爪钩一样的果实，因此被叫作爪钩草（恶魔之爪）。美洲大陆的原住民利用爪钩草改善消化不良、缓解关节疼痛、净化血液。20世纪50年代，在欧洲，爪钩草的抗炎症作用受到重视。孕妇及患有胃溃疡、十二指肠溃疡的病人不宜服用。

功效特点

抗炎症、利尿。能够缓解风湿病、关节痛症状。能够降低血糖指数。促进消化。

爪钩草

学名：Harpagophytum procumbens

胡麻科・多年生草本植物

效用部位：根

栽培：适合生长在干燥的沙漠地带

PAPAYA

番木瓜茶

番木瓜是一种很受欢迎的热带水果，有很强的分解蛋白质的能力

MEMO

番木瓜酵素有很强的分解蛋白质、促进代谢的作用。番木瓜茶有些许苦味，能够促进消化，适合在饭后饮用。

功效特点

净血。促进消化。清理肠道内寄生虫作用。

番木瓜

学名：Carica papaya

番木瓜科・常绿乔木

效用部位：叶子、果实

栽培：适合生长在日照充足、土壤肥沃的地方

BLADDERWRACK

墨角藻茶

墨角藻是碘原料，被称作大海之草

MEMO

墨角藻是从欧洲、北美洲岩石较多的海岸采割的一种海藻，被叫作大海之草，是碘的原料。墨角藻含有丰富的碘、矿物质以及褐藻糖胶，能够有效地补充体内矿物质，增强甲状腺机能。还能够加速代谢和脂肪燃烧，预防肥胖。

功效特点

增强甲状腺机能。改善浮肿、皮肤粗糙状况。外用能够治疗风湿。

墨角藻

学名：Fucus vesiculosus

墨角藻科・海藻

效用部位：全草

栽培：还未被人工栽培

MOTHERWORT

益母草茶

一种有助于改善痛经、月经不调、不孕症等疾病的药草茶

MEMO

夏季到初秋，益母草粉中泛蓝的花会盛开。自古希腊时代开始，益母草作为帮助分娩的药草就已经被人们所熟知。益母草能够作用于子宫，对痛经、月经不调、无月经、不孕症有较好的效果。此外，益母草还能够降血压、增强心脏功能，能够缓解心律不齐、心悸等心血管系统紊乱症状。

功效特点

治疗痛经、月经不调、无月经、不孕。促进子宫收缩，有助于顺利分娩。强心作用。放松作用。

益母草

学名：Leonurus cardiaca

唇形科・多年生草本植物

效用部位：地上部分

栽培：适合生长在排水性好、湿润的地方

WORMWOOD

苦艾茶

一种防虫、驱虫效果显著的“驱虫药草”

MEMO

苦艾是原产于欧洲的多年生草本植物，江户末期传入日本。能够帮助消化，增强胃肠功能。要注意不能大量食用，孕妇禁用。苦艾茶虽有清新的草香味，但味道比较苦。

功效特点

缓解感冒症状。消炎。抗炎症、杀菌。增强消化系统功能。有助于排出体内异物。清热作用。

苦艾

学名：Artemisia absinthium
菊科・多年生草本植物
效用部位：叶子
栽培：栽培简单，即使在荒地也能生长

WILD YAM

野山药茶

“山药能提升精气神”是世界各国通用的生活智慧

MEMO

野山药茶有滋养强壮作用，适合在感到疲劳时饮用。同时还有缓解风湿炎症和疼痛、松弛肌肉的作用。孕妇不宜大量饮用。

功效特点

消炎。促进胆汁分泌。缓解月经困难症、肠部疼痛。缓解分娩时的宫缩痛，改善更年期症状。

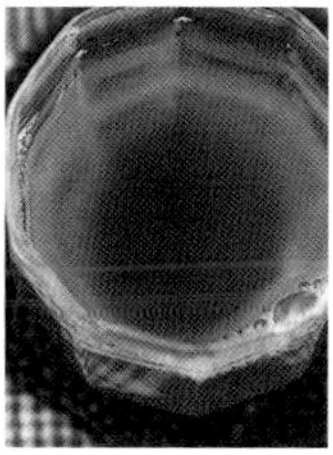

野山药

学名：Dioscorea villosa
薯蓣科・多年生攀缘植物
效用部位：根
栽培：不适合在家中栽培

初次接触药草茶的读者也能读懂，安心地享用药草茶

药草茶Q&A

药草茶Q&A 基本篇

回答者
洼田利惠子

药草科学院校长
日本药草振兴协会主席研究员 / 药草专家
开设了日本第一家维生素专营店，从事各种与健康食品相关的事业。2004 年开始就任药草专门学校“药草科学院”院长。作为日本药草界第一人，长期活跃在电视、广播等媒体，以及各种公共团体、医疗机构、大学等相关活动中。同时也是英国皇家园艺学会会员。
www.herb-science.jp/

Q 怎样才能找到适合自己的药草茶呢？

A 药草茶也是一种食品，因此挑选的时候自己觉得口感和香气适合自己、美味是最重要的。药草茶的功效也会因每个人体质的差异和身体状况不同而有微妙的变化。虽然也可参考专家和店员的意见，平时多积累一些相关知识，像和自己的身体对话一样去挑选，尝试找到适合自己的药草茶也是不错的选择。

Q 干燥的药草茶应该如何保存、保管呢？

A 为了避免茶叶变质，请存放在干燥避光的地方，例如冰箱冷藏室等。容器最好选用能够密封的瓶子或袋子。开封后的药草茶口感和香气会逐渐变差，所以希望大家在保质期内尽快饮用。

放入干燥剂有利于药草茶的存储

加入水后盖上盖子，充分提取药草茶中的成分

Q 药草茶用沸水冲泡味道会比较好？

A 沸腾后稍微等一会儿，98~95℃是冲泡药草茶的最佳温度，能够更好地引出其香味，更好地发挥其功效。

根据个人喜好可以选用矿泉水（欧洲人喜欢硬质水，日本人多喜欢软水）、自来水煮沸后使用。

Q 自己种植的药草能够当成药草茶饮用吗？

A 在阳台或是院子里种植薄荷类药草的读者，建议您一定要试一下。不过在尝试之前，请您务必通过本书来确认一下您种植的药草是否可以饮用。叶子弄碎后，注入水更容易提取其中的有效成分。但是有些药草，如柠檬草，如果用手直接接触的话，容易被叶子的边缘划伤，最好使用剪刀将其弄碎。

用剪刀将柠檬草的叶子剪碎

Q 对药草茶的印象多是『口感差』『难喝』，实际情况是？

A 药草茶的单品中，确实有些带有苦味或特殊的香气，一部分初接触药草茶的人，可能觉得『口感差』『难喝』。厂家不同，药草茶的口感和香味也有所不同。如果您迟迟找不到自己喜欢的药草茶，可以在一些容易入口的药草里不断尝试，混合添加其他种类的药草茶，直至找寻到您喜欢的口味。

“美味幸福”系列药草茶。从左至右依次是“温暖混合茶”“爽口混合茶”“湿润混合茶”

药草茶 Q&A 中级篇

Q 想要自己调配不同功效的混合药草茶，请告诉我需要哪种药草以及每种药草的比例。

A 下面介绍几款使用干燥药草的混合药草茶。叶子的数量表示比例，喜欢甜味的可以加入少量的甜菊，大家可以根据自己的口味尝试混合。

助眠功效混合药草茶

德国洋甘菊	4
荷兰薄荷	3
西番莲	2

MEMO 能够消除一天的疲劳，放松神经，有助于安眠、快速入睡的混合药草茶。

美白护肤功效混合药草茶

野玫瑰果	4
洛神花	2
红玫瑰	2
金盏菊	1
锦葵	1

MEMO 适合女性身体的混合药草茶。还能够消除疲劳，容易入口。

放松功效混合药草茶

荷兰薄荷	3
柠檬马鞭草	2
菩提叶	2
德国洋甘菊	1

MEMO 能够消除肌肉紧张，释放压力，气味甜香清新的混合药草茶。

缓解疲劳功效混合药草茶

柠檬草……3
野玫瑰果……3
洛神花……2
胡椒薄荷……1
迷迭香……1

MEMO 其中含有的柠檬酸能够消解致疲劳的物质乳酸，能够作用于脑中枢神经，改善身体懒倦状态。

安定女性激素功效混合药草茶

野玫瑰果……3
覆盆子……3
鼠尾草……1
金盏菊……1

MEMO 能够镇静神经，调节激素平衡，应对妇科烦恼的混合药草茶。

改善便秘功效混合药草茶

茴香……3
陈皮……3
柠檬草……2
紫花苜蓿……1

MEMO 规律饮食，早起一杯水，不断摄取植物纤维，再加上饮用此混合药草茶,改善便秘效果值得期待。

增强注意力功效混合药草茶

胡椒薄荷……4
柠檬草……4
迷迭香……2

MEMO 适合在工作、学习时想要增强注意力，早上想要更加清醒时饮用。饭后饮用能够清新口气。

缓解肩酸功效混合药草茶

荨麻……4
姜……3
马黛……3
迷迭香……1

MEMO 能够增强肝功能，净化血液的同时促进血液循环，改善代谢的混合药草茶。

缓解花粉症症状功效混合药草茶

接骨木花……3
紫锥菊……2
胡椒薄荷……2
百里香……1

MEMO 既可以饮用，也可以像漱口药一样使用，还可以泡浓一些，通过鼻子吸入茶的香气来发挥功效。

改善容易受凉体质功效混合药草茶

德国洋甘菊 …… 3
陈皮 …… 3
姜 …… 2
肉桂 …… 1

MEMO 适合寒冷的日子、感冒初期饮用的以生姜为主的药草茶。

缓解胃胀功效混合药草茶

柠檬草 …… 3
茴香 …… 2
胡椒薄荷 …… 2
柠檬马鞭草 …… 2

MEMO 在清香的薄荷和柠檬系药草中加入茴香，推荐饭后饮用。

改善浮肿功效混合药草茶

茴香 …… 4
荨麻 …… 3
菩提叶 …… 2
杜松子 …… 1

MEMO 能够促进体内多余水分、废物的排出，以有助于通便的茴香为主的混合药草茶。

消除宿醉功效混合药草茶

野玫瑰果 …… 3
洛神花 …… 2
柠檬草 …… 2
野草莓 …… 2

MEMO 味酸、香气清新，能够促进代谢。适合在胃肠感到轻微不适时饮用的混合药草茶。

改善生活习惯病功效混合药草茶

西洋蒲公英 …… 4
荨麻 …… 2
桑葚 …… 1
橄榄 …… 1

MEMO 改善肝功能，预防动脉硬化，改善生活习惯病的混合药草茶。

药草茶
Q&A
高级篇

Q 药草茶除了用作茶饮外，还有其他的活用方式吗？

A 逐渐将药草中的有效成分溶出的药草茶除了用作茶饮外还有很多活用方式，下面就介绍其中一些活用法。

用作含漱、漱口水

一部分药草茶浓泡冷却后，可用作含漱、漱口水。多为一些具有杀菌功效的药草。

活用药草

百里香、胡椒薄荷、鼠尾草等。

用作化妆水、身体乳

一部分药草茶浓泡冷却后可直接与乙醇混合用作化妆水、身体乳。为了确认是否适合自身皮肤，请在手肘内侧做过敏测试后再开始正式使用。

活用药草

接骨木花、德国洋甘菊、薰衣草、金盏菊、野玫瑰果、迷迭香等。

用于染色

将线或布放入锅中，用药草茶煮10分钟以上。放置一段时间后，清洗固色（固色是指将其浸入添加了几滴醋的水中，拿出后再干燥）。也可以使用明矾等媒染剂。

活用药草

金盏菊、薰衣草、薄荷、洛神花、锯棕榈等。

用于全身浴、手浴、足浴

将新鲜或干燥的药草用纱布包裹，放到浴缸或脸盆中。除了泡澡用外，还可以用于手、脚、小腿等的清洗。

活用药草

荷兰薄荷、鼠尾草、薰衣草、茴香、菩提、柠檬草、野玫瑰果、德国洋甘菊等。

摄影：桥本哲

图书在版编目（CIP）数据

药草茶图鉴 / 日本株式会社主妇之友社编 ； 许丹丹译. — 北京 ： 北京美术摄影出版社，2021.1
ISBN 978-7-5592-0387-8

Ⅰ. ①药… Ⅱ. ①日… ②许… Ⅲ. ①茶叶—保健—图解 Ⅳ. ①TS272.5-64

中国版本图书馆CIP数据核字(2020)第182367号

北京市版权局著作权合同登记号：01-2017-8902

责任编辑：黄奕雪
助理编辑：耿苏萌
责任印制：彭军芳

药草茶图鉴

YAOCAOCHA TUJIAN

日本株式会社主妇之友社 编
许丹丹 译

出 版 北京出版集团
北京美术摄影出版社
地 址 北京北三环中路6号
邮 编 100120
网 址 www.bph.com.cn
总发行 北京出版集团
发 行 京版北美（北京）文化艺术传媒有限公司
经 销 新华书店
印 刷 天津图文方嘉印刷有限公司
版印次 2021年1月第1版第1次印刷
开 本 880毫米 × 1230毫米 1/32
印 张 5.25
字 数 138千字
书 号 ISBN 978-7-5592-0387-8
定 价 59.00元

如有印装质量问题，由本社负责调换
质量监督电话 010-58572393